新/世/纪/职/业/教/育/应/用/型/人/才/培/养/培/训/创/新/教/材

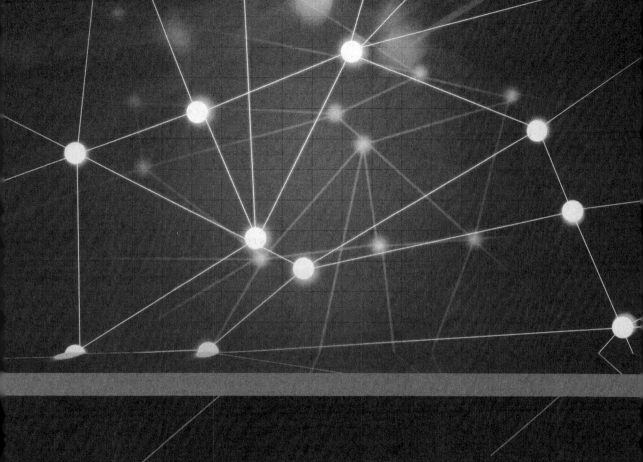

Web前端设计与制作
——HTML+CSS+jQuery

刘心美 陈义辉 韩宝玉 孙文江 编著

清华大学出版社
北京

内 容 简 介

本书系统完整地介绍了网站前台设计与制作所需技术基础和3个企业项目。技术基础包括网页布局基础、图文排版、网站导航、网站栏目、网站表单、框架网站等,企业项目包括企业宣传网站——舒适家居网、彩宇商贸公司网站、弘叶美容美发公司网站的主页设计与制作。

本书从网站前台设计与制作项目开发角度出发,采用 HTML+CSS+jQuery 技术作为主体,以任务为单位,全面、系统地将网站项目开发中前台所需的常用技术、技巧进行逐一剖析,对于网站前台开发中所出现的各种技术难点给出合理的解决方案,指明实现的技术技巧,每一任务都有针对性的解决项目开发中的具体技术,避免了大量的知识堆积。

本书提供了所有任务和项目的源代码、素材、习题及部分答案。

本书内容详尽,实例丰富,适合作为应用型本科院校和职业院校计算机类专业教材,也适合作为学习网站前台开发技能的自学用书。

本书封面贴有清华大学出版社防伪标签,无标签者不得销售。
版权所有,侵权必究。举报: 010-62782989,beiqinquan@tup.tsinghua.edu.cn。

图书在版编目(CIP)数据

Web 前端设计与制作: HTML+CSS+jQuery/刘心美等编著. --北京: 清华大学出版社,2016
(2024.1重印)
新世纪职业教育应用型人才培养培训创新教材
ISBN 978-7-302-42407-9

Ⅰ. ①W… Ⅱ. ①刘… Ⅲ. ①超文本标记语言一程序设计一高等职业教育一教材 ②网页制作工具一高等职业教育一教材 ③JAVA 语言一程序设计一高等职业教育一教材 Ⅳ. ①TP312 ②TP393.092

中国版本图书馆 CIP 数据核字(2015)第 298591 号

责任编辑: 田在儒
封面设计: 牟兵营
责任校对: 袁 芳
责任印制: 丛怀宇

出版发行: 清华大学出版社
    网 址: https://www.tup.com.cn, https://www.wqxuetang.com
    地 址: 北京清华大学学研大厦 A 座   邮 编: 100084
    社 总 机: 010-83470000   邮 购: 010-62786544
    投稿与读者服务: 010-62776969, c-service@tup.tsinghua.edu.cn
    质量反馈: 010-62772015, zhiliang@tup.tsinghua.edu.cn
    课件下载: https://www.tup.com.cn, 010-62770175-4278
印 装 者: 三河市龙大印装有限公司
经 销: 全国新华书店
开 本: 185mm×260mm   印 张: 16.5   字 数: 394 千字
版 次: 2016 年 5 月第 1 版   印 次: 2024 年 1 月第 4 次印刷
定 价: 49.00 元

产品编号: 061397-02

前言
FOREWORD

2005 年以后，互联网进入 Web 2.0 时代，Web 应用大量涌现，网页不再只是承载单一的文字和图片，各种富媒体(Rich Media)让网页的内容更加生动，网页上软件化的交互形式为用户提供了更好的使用体验。在 Web 1.0 时代只使用 Photoshop 和 Dreamweaver 等工具进行网页开发已经不能满足需求，各种新技术得到衍生并推广，形成了所说的 Web 技术。Web 前端开发技术包括三个要素：HTML、CSS 和 JavaScript，在开发技术上更接近传统的网站后台开发。其主要职能是把网站的界面更好地呈现给用户，但整个技术体系所需的知识涉及艺术类、计算机类及其他相关学科，既有具体技术，又有抽象的理念，可见前端开发的难度在增大。

前端设计师这个职业正是在这种情况下产生的。从技术角度来说，HTML、CSS 和 JavaScript 是必修课。除此之外，由于前端设计师既要与上游的交互设计师、视觉设计师和产品经理沟通，又要与下游的服务器端工程师沟通，因此还需要掌握与上下游相关的技能，才能得以胜任本岗位工作。

本书主要适用于应用型本科院校和职业院校计算机类相关专业的前端技术教学使用，主要应用的前端开发技术有 HTML、CSS 和 jQuery(一种 js 库)。从网页制作的各个技术入手，以项目为载体，以任务为单位，采用理论、实践一体化的方式，全面、系统地讲解了 Web 前端开发的过程和细节。

本书分为 11 章，两个大部分。其中第 1 篇主要介绍网页基础知识，为教材前 8 章内容，包括网页布局基础、网页图文排版、链接与导航设计、网页栏目设计、表单页面设计、框架网页设计、应用 jQuery、移动产品网页设计。第 2 篇为项目开发，为教材后 3 章内容，包括企业宣传网站——舒适家居网、彩宇商贸公司网站、弘叶美容美发公司网站三大项目。

本书由刘心美、陈义辉、韩宝玉、孙文江编著，技术支持来自于盘古网络，全书由李明革、朴仁淑主审，并在编写过程中给予了指导和帮助。

本书由网站专业的一线教师、企业的开发人员共同完成，对于初学者、中高级开发人员来说都有一定的指导、借鉴作用。由于编者水平有限，书中不足之处在所难免，恳请广大读者提出宝贵意见。

编　者
2016 年 1 月

第1篇 网页基础知识

第1章 网页布局基础 ... 3

- 1.1 Web 前端技术概述 ... 3
  - 1.1.1 万维网与 W3C ... 3
  - 1.1.2 关于 Web 前端技术 ... 4
  - 1.1.3 网站与网页 ... 4
- 1.2 认识 HTML ... 5
  - 1.2.1 关于 HTML ... 5
  - 1.2.2 HTML 结构文件 ... 6
- 1.3 CSS 样式 ... 7
  - 1.3.1 关于 CSS 的调用 ... 7
  - 1.3.2 关于选择器 ... 10
  - 1.3.3 框模型介绍 ... 12
  - 1.3.4 CSS 的定位 ... 13
- 1.4 关于网页布局 ... 15
  - 1.4.1 网页布局的相关技术 ... 15
  - 1.4.2 网页布局的流程 ... 16
  - 1.4.3 网页布局的 HTML 技术 ... 17
- 1.5 DIV+CSS 页面布局基础 ... 17
  - 1.5.1 单栏式布局设计 ... 17
  - 1.5.2 二栏式布局设计 ... 19
  - 1.5.3 三栏式布局设计 ... 21
- 1.6 任务拓展 ... 24
- 1.7 本章小结 ... 24
- 习题 ... 25

第2章 网页图文排版 ... 26

- 2.1 设计图文版面 ... 26

2.1.1 制作网页文字版面 ………………………………………………… 26
2.1.2 制作网页图片版面 ………………………………………………… 34
2.1.3 制作网页图文混排版面 …………………………………………… 37
2.2 插入多媒体 …………………………………………………………………… 44
2.2.1 制作滚动的文本和图片页面 ……………………………………… 44
2.2.2 制作背景音乐页面 ………………………………………………… 49
2.2.3 制作视频混排页面 ………………………………………………… 55
2.2.4 制作动画混排页面 ………………………………………………… 59
2.3 任务拓展 ……………………………………………………………………… 62
2.4 本章小结 ……………………………………………………………………… 63
习题 …………………………………………………………………………………… 63

第 3 章 链接与导航设计 ……………………………………………………………… 64

3.1 关于超链接 …………………………………………………………………… 64
3.1.1 理解超链接 ………………………………………………………… 64
3.1.2 理解路径 …………………………………………………………… 65
3.1.3 创建文件链接 ……………………………………………………… 65
3.2 利用文字实现超级链接 ……………………………………………………… 66
3.2.1 制作面包屑导航 …………………………………………………… 66
3.2.2 制作水平栏导航 …………………………………………………… 67
3.2.3 制作书签导航 ……………………………………………………… 70
3.3 利用图片实现超级链接 ……………………………………………………… 74
3.3.1 制作图片水平栏导航 ……………………………………………… 74
3.3.2 制作图像局部导航 ………………………………………………… 75
3.4 关于其他链接 ………………………………………………………………… 76
3.4.1 下载文件的链接 …………………………………………………… 77
3.4.2 电子邮件链接 ……………………………………………………… 78
3.5 任务拓展 ……………………………………………………………………… 80
3.6 本章小结 ……………………………………………………………………… 80
习题 …………………………………………………………………………………… 80

第 4 章 网页栏目设计 ………………………………………………………………… 82

4.1 关于网页栏目 ………………………………………………………………… 82
4.1.1 网站栏目的含义 …………………………………………………… 82
4.1.2 网站栏目的策划 …………………………………………………… 82
4.2 常用栏目设计 ………………………………………………………………… 83
4.2.1 制作简易式栏目 …………………………………………………… 83
4.2.2 制作典型式栏目 …………………………………………………… 87
4.3 TAB 式栏目设计 ……………………………………………………………… 91

	4.4	视频栏目设计 ·· 93

4.4　视频栏目设计 ·· 93
4.5　滚动式栏目设计 ·· 95
　　4.5.1　制作左右滚动式栏目 ·· 96
　　4.5.2　制作上下滚动式栏目 ··· 102
4.6　任务拓展 ·· 105
4.7　本章小结 ·· 105
习题 ··· 105

第 5 章　表单页面设计 ·· 106

5.1　表单概述 ·· 106
　　5.1.1　表单的概念 ·· 106
　　5.1.2　创建表单 ··· 106
　　5.1.3　表单元素 ··· 107
　　5.1.4　表单布局 ··· 112
5.2　搜索表单设计 ·· 113
　　5.2.1　表单及其作用 ·· 113
　　5.2.2　制作百度搜索页面 ·· 114
5.3　跟帖评论表单设计 ·· 116
　　5.3.1　表单及其作用 ·· 116
　　5.3.2　制作跟帖评论页面 ·· 116
5.4　注册表单设计 ·· 120
　　5.4.1　表单及其作用 ·· 120
　　5.4.2　制作账户注册页面 ·· 122
5.5　任务拓展 ·· 128
5.6　本章小结 ·· 128
习题 ··· 129

第 6 章　框架网页设计 ·· 130

6.1　关于框架网页 ·· 130
6.2　制作导航框架页 ··· 131
　　6.2.1　关于导航框架 ·· 131
　　6.2.2　制作导航框架 ·· 131
6.3　制作综合框架页 ··· 135
　　6.3.1　关于框架的嵌套 ··· 135
　　6.3.2　制作综合框架 ·· 135
6.4　制作浮动框架页 ··· 139
　　6.4.1　关于浮动框架 ·· 139
　　6.4.2　制作浮动框架 ·· 140
6.5　任务拓展 ·· 142

6.6 本章小结 …………………………………………………………… 142
习题 …………………………………………………………………… 143

第7章 应用jQuery …………………………………………………… 144

7.1 关于jQuery ………………………………………………………… 144
 7.1.1 jQuery的概念 …………………………………………………… 144
 7.1.2 jQuery的原理与运行机制 ……………………………………… 144
 7.1.3 jQuery运行环境 ………………………………………………… 145
7.2 利用jQuery设计网站导航 ………………………………………… 146
 7.2.1 制作普通下拉菜单 ……………………………………………… 147
 7.2.2 制作级联菜单 …………………………………………………… 150
7.3 利用jQuery设计Tab选项卡 ……………………………………… 153
 7.3.1 横向选项卡设计 ………………………………………………… 153
 7.3.2 纵向选项卡设计 ………………………………………………… 155
7.4 利用jQuery设计图片效果 ………………………………………… 158
 7.4.1 制作图片切换效果 ……………………………………………… 158
 7.4.2 制作图片滚动效果 ……………………………………………… 161
7.5 任务拓展 …………………………………………………………… 163
7.6 本章小结 …………………………………………………………… 164
习题 …………………………………………………………………… 164

第8章 移动产品网页设计 …………………………………………… 165

8.1 了解jQuery Mobile ………………………………………………… 165
 8.1.1 关于jQuery Mobile ……………………………………………… 165
 8.1.2 安装jQuery Mobile ……………………………………………… 166
8.2 创建第一个移动产品网站 ………………………………………… 167
 8.2.1 制作单容器页面结构网站 ……………………………………… 167
 8.2.2 制作多容器页面结构网站 ……………………………………… 170
 8.2.3 制作可折叠内容页面 …………………………………………… 174
8.3 网站导航栏设计 …………………………………………………… 177
 8.3.1 制作导航工具栏 ………………………………………………… 177
 8.3.2 制作固定导航栏 ………………………………………………… 181
8.4 使用布局网格 ……………………………………………………… 185
 8.4.1 两列布局 ………………………………………………………… 185
 8.4.2 三列布局 ………………………………………………………… 186
 8.4.3 多行多列布局 …………………………………………………… 186
8.5 创建列表视图 ……………………………………………………… 190
 8.5.1 制作文字列表 …………………………………………………… 190
 8.5.2 制作图文列表 …………………………………………………… 194

8.6	表单设计	196
8.7	任务拓展	203
8.8	本章小结	204
习题		204

第 2 篇　项　目　开　发

第 9 章　企业宣传网站——舒适家居网 … 207

- 9.1 客户需求 … 207
- 9.2 网站分析 … 207
  - 9.2.1 网页主题分析 … 207
  - 9.2.2 网页风格定位 … 208
- 9.3 网站搭建 … 209
  - 9.3.1 建立网站结构 … 209
  - 9.3.2 建立网站主页 … 210
- 9.4 技术准备 … 210
  - 9.4.1 网页 DIV 区域划分 … 210
  - 9.4.2 网页效果图切片 … 212
- 9.5 添加网页结构和样式 … 214
  - 9.5.1 建立网页主体轮廓 … 214
  - 9.5.2 建立网页内容区域 … 215
  - 9.5.3 建立网页页脚区域 … 220
- 9.6 常规添加 Flash 动画 … 220
- 9.7 本章小结 … 221

第 10 章　彩宇商贸公司网站 … 222

- 10.1 客户需求 … 222
- 10.2 网站分析 … 222
  - 10.2.1 网页主题分析 … 222
  - 10.2.2 网页风格定位 … 223
- 10.3 网站技术准备 … 224
  - 10.3.1 网页效果图切片 … 224
  - 10.3.2 网页 DIV 区域划分 … 225
- 10.4 添加网页结构和样式 … 227
  - 10.4.1 建立网页主体 … 227
  - 10.4.2 建立网页页头区域 … 228
  - 10.4.3 建立网页内容区域 … 231
  - 10.4.4 建立网页页脚区域 … 236

10.5　利用jQuery添加网页特效 …………………………………… 237
　　10.6　本章小结 …………………………………………………… 238

第11章　弘叶美容美发公司网站 ………………………………………… 239

　　11.1　客户需求 …………………………………………………… 239
　　11.2　网站分析 …………………………………………………… 239
　　　　11.2.1　网页主题分析 ……………………………………… 239
　　　　11.2.2　网页风格定位 ……………………………………… 240
　　11.3　网站技术准备 ……………………………………………… 240
　　　　11.3.1　网页效果图切片 …………………………………… 241
　　　　11.3.2　网页 DIV 区域划分 ………………………………… 242
　　11.4　添加网页结构和样式 ……………………………………… 243
　　　　11.4.1　建立网页主体 ……………………………………… 243
　　　　11.4.2　建立网页页头区域 ………………………………… 244
　　　　11.4.3　建立网页内容区域 ………………………………… 245
　　　　11.4.4　建立网页页脚区域 ………………………………… 249
　　11.5　利用jQuery添加网页特效 ………………………………… 249
　　11.6　本章小结 …………………………………………………… 250

参考文献 ……………………………………………………………………… 251

第 1 篇

网页基础知识

第 1 篇

网页基础知识

第1章 网页布局基础

网页布局的作用在于将网页的各个元素进行合理定位,主要有三种技术,分别是表格、DIV+CSS、框架。在这三种技术中,表格由于不能做到网页结构与样式的分离,已不提倡使用;框架技术由于不能做到对网页进行细化,使用范围被限制;目前主流的布局技术就是DIV+CSS,本章主要讲解该技术的相关知识与布局技术。

本章要点

- 了解网站、网页及其相关概念。
- 掌握网页中,结构与样式分离的内涵。
- 理解CSS框模型的含义。
- 掌握CSS的调用方法。
- 掌握CSS的选择器正确使用方法。
- 利用DIV+CSS实现单栏、二栏、三栏基础布局。

1.1 Web前端技术概述

1.1.1 万维网与W3C

最早的网络构想来自于Tim Berners-Lee,他于1984年在欧洲核子物理实验创造了万维网,万维网梦想建立一个可在其中通过分享信息而进行通信的公共信息空间,同时他编写了世界上第一个客户端浏览器(World Wide Web)和第一个Web服务器httpd(超文本传输协议守护进程)。

为了"引导Web发挥其最大潜力"Tim Berners-Lee组织成立了World Wide Web Consortium即通常所说的W3C(万维网联盟),其最重要的工作是发展Web规范(称为推荐,Recommendations),这些规范描述了Web的通信协议(如HTML和XHTML)和其他的构建模块。

Tim Berners-Lee的构想得到全世界的认可,在短短的三十年时间里,Web技术得以快速发展,Web的工作原理如图1-1所示。

Web技术得以广泛流行的原因在于Web技术特点具有以下几点。

- 色彩丰富、图形化的浏览界面。

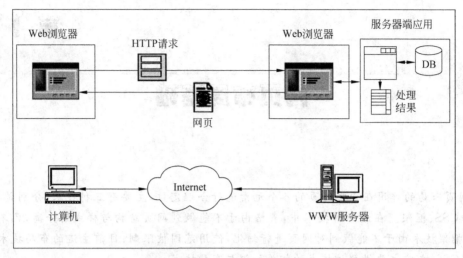

图 1-1　Web 工作原理示意图

- 利用 WWW 进行界面浏览，脱离了计算机操作系统的限制。
- 利用超链接进行交互，实现对大量信息的有效筛选。
- 信息内容采用分布式结构存储，降低了对所占空间的要求，从用户角度来看这些信息是一体的。

1.1.2　关于 Web 前端技术

随着 Internet 技术飞速发展与普及，Web 技术也在不断更新与前进，开发具有用户动态交互、多媒体应用的新一代 Web 网站成为近几年研究与应用的热点，这就要求掌握 HTML、CSS、JavaScript、DOM、AJAX 等组合技术。HTML、CSS、JavaScript 被称为 Web 标准三剑客。由于 JavaScript、AJAX 编码较复杂，对前端设计人员来说会有较大的难度。jQuery 技术的出现解决了这个问题，它对 JavaScript、AJAX 等技术进行了组合，减少了代码编写的难度。因此，在本书中将以 jQuery 来代替 JavaScript 技术。

HTML：HTML 指的是超文本标记语言（HyperText Markup Language），它不是一种编程语言，而是一种标记语言，由一套固定的标记组成。

CSS：CSS 是指层叠样式表（Cascading Style Sheets），用来定义如何显示 HTML 元素，样式通常存储在样式表中。

jQuery：jQuery 是一个轻量级的 JavaScript 库，它极大地简化了 JavaScript 编程且易于掌握和学习。

1.1.3　网站与网页

网站是指互联网上能够提供信息发布方面功能的服务技术。它由域名（即网站 IP 地址）和网站空间构成。包括主页和子页等文件，相互之间通过执行 WWW 服务来进行相互链接。

网页是构成网站的基本元素，是承载各种网站应用的平台，通常是 HTML 格式，扩展名为.html/htm、.asp、.php 等。网页内容主要由文本、图片、多媒体等多种元素组成，主体组成元素如下。

Logo(网站标志),类似于企业的商标,用于表达网站的理念。从网页角度来说,Logo是互联网上各个网站用来与其他网站链接的图形标志;网站的标志,具有表达意义、情感和指令行动等作用。

网站导航,体现在页面上就是链接。链接的作用在于实现浏览和使用网站,它可以让用户在网页间跳转更方便,也可以表达出页面与页面、页面与内容之间的关系。为了使浏览者不在网站中迷失方向,网站导航设计要清晰、明了。

按钮,是一种能在单击时产生事件的控件。它的设计形式多样,导航条也是一种特殊的按钮。

文本,是网页中最基本的元素之一。可根据页面需要对字体、大小、颜色、边框等进行自由设计,文本字体选择的原则是能被浏览器兼容。如所选字体仅为一种或几种浏览器能显示时建议将文本进行图片化。

图片,在网页中的地位与文本相同,仅有文本的网页显得呆板;仅有图片的网页显得空旷,缺少说服力。因此网页设计的原则之一就是图文并茂。在网页中图片常采用 JPG、PNG 等格式。

表单,是网页进行交互的主要手段。浏览者通过表单输入文本、单击选项等方式把自己的信息传递给服务器,以获取所需要的信息或由服务器完成某种服务。

动画,是网页上最活跃的元素。通过动画将音频、视频等多媒体元素与 JavaScript 等脚本语言相结合,具有多变样式、炫丽画面、优美音乐的动画可以让浏览者耳目一新。

当然除了上述元素外,还用如计算器、字幕等元素,关键在于网页设计时要注意页面协调。

1.2 认识 HTML

1.2.1 关于 HTML

HTML 是一种规范,一种标准,一种标记语言。它通过标记符号来标记要显示的网页中的各个部分。浏览器根据标记,确定不同内容要显示的样式。如文字如何显示,图片如何排版等。在浏览网页文件时,浏览器按顺序对标记符号进行解释执行。但需要注意的是由于浏览器版本众多,同一个标记符号会有不完全相同的解释,也就是常说的浏览器兼容问题。

HTML 称为超文本标记语言,是因为文本中包含了所谓"超级链接"点。所谓超级链接,就是一种 URL 指针,通过点击它,可以使浏览器方便地获取新的网页,完成从一个页面到另一个页面的跳转。因此,HTML 是 Web 编程的基础,也就是说万维网是建立在超文本基础之上的。

回顾 HTML 的历史,最早的 HTML 2.0 版本是从 IETF(互联网工程任务组)推出的,到后来 W3C 取代 IETF 的角色,成为 HTML 的标准组织,HTML 的版本被频繁修改,从 HTML 2.0 直到 HTML 5 主要经历了三次大的变化。

HTML 在 HTML 4.01 之后的第一个修订版本就是 XHTML 1.0(扩展),当然也有人将之解读为"eXtreme"(极端)。

HTML 是指超文本标记语言,是一种文本文件。

XHTML 是更严谨更纯净的 HTML 版本,其中 X 代表"eXtensible"。XHTML 1.0 是基于 HTML 4.01 推出的,没有引入任何新标记或属性。与 HTML 4.01 唯一的区别是语法。HTML 对语法比较随便,而 XHTML 则要求 XML 般的严格语法。如 XHTML 需要区别大小写字母,而 HTML 则不需要进行区别。

HTML 5 是下一代的 HTML,仍处于完善中。

1.2.2 HTML 结构文件

一个完整的 HTML 文档由头部 head 和主体 body 两部分组成。在头部标记中可以定义网页标题、链接样式表、加载动态代码等,不在网页中显示;在主体标记中定义的内容如段落、超链接、表单等网页元素,主体内容会在网页中显示。

【知识基础】

关于 HTML 文档结构标记。

<html>标记:所有的 HTML 代码都包含在<html>标记对之间。

<head>标记:HTML 文档的头部标记。它描述文档的各种属性和信息,包括文档的标题、提供元信息、存放可以引用脚本、引用样式表、脚本文件等文档。绝大多数文档头部包含的数据都不会真正作为内容进行显示。

<body>标记:网页内容放置区域。它包含文档的所有内容如文本、超链接、图像、表格和列表等。

【任务实施】

案例 用文本文件创建我的第一个网页 index.html。

任务 1 编写网页 index.html(其他文本编辑器)。

步骤 1 新建文本文件 index.txt。

步骤 2 打开 index.txt,手写代码如下:

```
<html>
    <head>
        <title>页面的标题</title>
    </head>
    <body>
        这是我的第一个页面。<b>这是粗体文本。</b>
    </body>
</html>
```

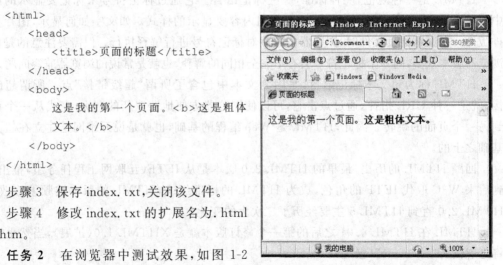

步骤 3 保存 index.txt,关闭该文件。

步骤 4 修改 index.txt 的扩展名为 .html 或 .htm。

任务 2 在浏览器中测试效果,如图 1-2 所示。

图 1-2 一个简单 HTML 网页显示效果

1.3 CSS 样式

CSS 是指层叠样式表（Cascading Style Sheets），简称样式表。最初建议提出于 1994 年，于 1996 年 12 月，W3C 组织推出 CSS 第一版本，到目前为止版本有 CSS 1.0、CSS 2.0、CSS 3.0。与传统的 TABLE 网页布局相比，采用 CSS+DIV 进行网页重构有以下三大显著优势。

1. 表现和内容相分离

所谓内容，是通过 HTML 文件存放网页相关信息；表现是通过 CSS 将样式设计部分剥离出来放在一个独立样式文件中，使页面对搜索引擎更加友好。

2. 提高页面浏览速度

对于同一个页面视觉效果，采用 CSS+DIV 重构的页面容量要比 TABLE 编码的页面文件容量小得多，前者一般只有后者的 1/2 大小。因此，浏览器就不需要去编译大量冗长的标签。

3. 易于维护和改版

相对于传统 HTML 的表现而言，CSS 能够对网页中对象的位置排版进行像素级的精确控制，只要简单修改几个 CSS 文件就可以重新设计整个网站的页面。

1.3.1 关于 CSS 的调用

样式表定义如何显示 HTML 元素。通过编辑一个简单的 CSS 文档，能够为每个 HTML 元素定义样式，并将之应用于你希望的任意多的页面中。

【知识基础】

样式表允许以多种方式规定样式信息，当同一个 HTML 元素被不止一个样式定义时，一般而言，所有的样式会根据下面的规则层叠于一个新的虚拟样式表中。

（1）浏览器缺省设置。
（2）外部样式表。
（3）内部样式表（位于＜head＞标签内部）。
（4）内联样式（在 HTML 元素内部）。

其中，内联样式拥有最高的优先权，它优先于内部样式表、外部样式表或浏览器中的样式声明。读到一个样式表时，浏览器会根据它来格式化 HTML 文档。在下面的三个案例中，将采用外部样式表、内部样式表、内联样式表。实现如图 1-3 到图 1-4 所示的效果。

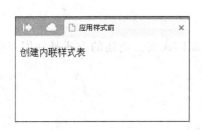

图 1-3 应用样式前效果

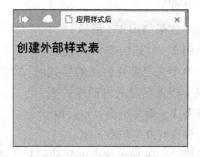

图 1-4 应用样式后效果

【任务实施】

案例 1　创建外部样式表。

当需要将样式应用于很多页面时,外部样式表是理想的选择。在使用外部样式表的情况下,你可以通过改变一个文件来改变整个站点的外观。外部样式表应该以 .css 作为扩展名进行保存,可以在任何文本编辑器中进行编辑。下面是一个样式表文件 mystyle.css 的例子。

任务 1　编写网页 test1.html。

步骤 1　新建站点 test。

步骤 2　在 test 站点中新建网页文件 test1.html。

步骤 3　鼠标定位在 HTML 文档的<body></body>标记之间。

步骤 4　添加 p 标记内容如下:

```
<body>
    <p>创建外部样式表</p>
</body>
```

任务 2　编写网页 test1.html 的样式表 test1CSS.css。

步骤 1　在 test 站中新建 test1CSS.css 文件。

步骤 2　打开 test1CSS.css,输入样式内容如下:

```
body {
    background-color:#CCC;
}
p   {
    font-family:"黑体";
    font-size:20px;
}
```

任务 3　实现 test1.html 与样式表 test1CSS.css 的关联。

鼠标定位在 HTML 文档的<head></head>标记之间,添加关联。

```
<head>
    <link rel="stylesheet" type="text/css" href="mystyle.css" />
</head>
```

最终效果如图 1-4 所示。

案例 2　创建内部样式表。

当单个文档需要特殊的样式时,就应该使用内部样式表。创建的方式是使用<style>标签在文档头部定义内部样式表。

任务 1　编写网页 test2.html。

步骤 1　打开站点 test。

步骤 2　在 test 站点中新建网页文件 test2.html。

步骤 3　鼠标定位在 HTML 文档的<body></body>标记之间。

步骤 4 添加 p 标记内容如下:

```
<body>
    <p>创建外部样式表</p>
</body>
```

任务 2 编写网页 test2.html 的内部样式表。

鼠标定位在 HTML 文档的<head></head>标记之间,添加样式代码如下:

```
<head>
    <style type="text/css">
        body {
            background-color:#CCC;
        }
        p    {
            font-family:"黑体";
            font-size:20px;
        }
    </style>
</head>
```

最终效果如图 1-4 所示。

案例 3 创建内联样式表。

内联样式仅在一个元素上应用一次,由于该样式将表现和内容进行了混杂,会损失掉样式表的许多优势。因此,用于单个网页元素样式测试,请慎用。使用内联样式,只需要在相关的标签内使用样式(style)属性即可。

任务 1 编写网页 test3.html。

步骤 1 打开站点 test。
步骤 2 在 test 站点中新建网页文件 test3.html。
步骤 3 鼠标定位在 HTML 文档的<body></body>标记之间。
步骤 4 添加 p 标记内容如下:

```
<body>
    <p>创建外部样式表</p>
</body>
```

任务 2 在标签 body、p 上添加样式内容。
步骤 在相关标签的开始标签中添加样式。

```
<body style="background-color:#CCC;">
    <p style="font-family:'黑体'; font-size:20px;">创建内联样式表</p>
</body>
```

最终效果如图 1-4 所示。

在前面的三个任务中,利用外部样式、内容样式、内联样式三种技术设计 CSS 样式,关于这三种技术的选择问题,需要根据实际情况进行处理。一般来讲,外部样式是最佳方案,内容样式和内联样式多用于样式表的自我调试过程。

1.3.2 关于选择器

要使用CSS对HTML网页元素实现一对一、一对多等多种控制,就需要利用CSS选择器来对HTML页面中的元素进行选择。CSS选择器的语法由选择器、属性和值三部分构成,其语法格式为

选择符(selector) {属性(property):属性值(value)}

其中,选择符用于确定样式所应用网页元素的部分,通常是要定义的HTML元素或标签;样式声明包括属性和属性值两部分,且属性和属性值用冒号分开,并由花括号包围,属性说明元素的表现形式(颜色、位置等),属性值设置了所选元素的相关属性的特定样式。在CSS中有多种选择符,下面通过案例的方式逐一进行讲解。

【知识基础】

(1) 全体选择符:全体选择符用一个"*"来表示,作用类似于通配符,表示所选范围内的所有元素。例如:

```
*{font-size:13px;}
```

该代码将当前网页中所有文字的大小设为13像素。

(2) HTML标记选择器:针对HTML标记的样式设置。例如:

```
body{color:red;}
```

该代码指定了HTML标记body中的color(字体颜色)属性的值为red(红色)。

(3) 类选择器:把相同元素分类定义为不同的样式,在类名称前面添加一个"."号。表示主要针对自定义的类。

如在HTML代码中有两个p标记,字体分别为红色和绿色,由于是同一标记,如果用HTML标记选择器的方法,则显示效果会相同。此时,可以用类选择器的方法表示。举例如下。

HTML代码如下:

```
<p class="red">要显示为红色!</p>
<p class="green">要显示为绿色!</p>
```

CSS样式代码如下:

```
.red{
    color:#004444;
}
.green{
    color:#0GG455;
}
```

这样,同一标记就显示出了不同的效果。

(4) id选择器:用来对单一元素定义单独的样式,在类名前要添加"#"。同样实现上

面的效果,用 id 选择器方法举例如下。

HTML 代码如下:

```
<p id="cred">要显示为红色!</p>
<p id="cgreen">要显示为绿色!</p>
```

CSS 样式代码如下:

```
#cred{
    color:#004444;
}
#cgreen{
    color:#0GG455;
}
```

此时,同样会产生与前面相同的效果。

id 选择器与类选择器的区别在于唯一性。即在 html 结构代码中,类选择器 class 后的名称可以有相同的多个;而在 id 选择器中,id 属性后的名称强调唯一性,不可重复。因为 JavaScript 脚本将通过 id 属性值来调用该 div。

(5) 伪类及伪对象选择符:一组 CSS 预定义的类和对象,不需要进行 id、class 属性的声明。

锚的伪类:最常用的是 4 类 A 元素的伪类,用于表示动态链接的 4 种状态:link(未访问时的状态)、visited(已访问过的状态)、hover(鼠标停留状态)、active(鼠标按下时的状态)。

```
a:link {color: #FF0000}        /*未访问时的状态*/
a:visited {color: #00FF00}     /*已访问过的状态*/
a:hover {color: #FF00FF}       /*鼠标停留状态*/
a:active {color: #0000FF}      /*鼠标按下时的状态*/
```

【任务实施】

案例 简单的诗词欣赏页。

通过本节所讲解的选择器,可以实现使同一种类的网页元素呈现多种状态。在下面案例中针对同状态的文本,利用不同选择符,使之出现多种变化。

任务 1 编写网页 test4.html。

步骤 1 打开站点 test。

步骤 2 在 test 站点中新建网页文件 test4.html。

步骤 3 鼠标定位在 HTML 文档的<body></body>标记之间,添加代码如下:

```
<body>
    <center>
        <a href="#">春晓</a>
        <p class="atest">春眠不觉晓,</p>
        <p id="ahead">处处闻啼鸟。</p>
        <p class="atest">夜来风雨声,</p>
        <p>花落知多少。</p>
    </center>
</body>
```

任务2 编写网页 test4.html 的内部样式表。

步骤 鼠标定位在 HTML 文档的 <head></head> 标记之间,添加如下样式代码。

```
<head>
    <style type="text/css">
    *{
        font-size:20px;
        font-family:"微软雅黑";
    }
    body{
        background-color:#C90;
    }
    #ahead{
        font-family:"黑体";
    }
    .atest{
        color:#666;
    }
    a:link{
        text-decoration:none;
    }
    a:visited{
        color:red;
    }
    a:visited{
        color:black;
    }
    </style>
</head>
```

图 1-5　简单的诗词欣赏效果图

任务3 在浏览器中测试效果,如图 1-5 所示。

1.3.3 框模型介绍

所谓的框模型,是在 1996 年由 W3C 推出 CSS 时提出的 Box Model(中文名称为盒模型/框模型)。框模型规定:网页中的所有元素对象都放在一个方框里,设计师可以通过 CSS 来控制该方框的显示属性。框模型是 CSS 布局的基础,规定了网页元素如何显示以及元素间的相互关系。由 CSS 定义的所有元素都可以拥有像方框一样的外形和平面空间,即都包含边界、边框、补白、内容区域和背景(包括背景色和背景图像),其规范了网页元素的显示基础,可以将框模型用图的方法展示出来,如图 1-6 所示。页面元素所占的实际宽度为:

margin－left + border－left + padding－left +

图 1-6　盒子模型示意图

width＋padding－right＋border－right ＋margin－right

同理，页面元素所占的实际高度为：

margin－top＋border－top＋padding－top＋height＋padding－bottom＋border－bottom＋margin－bottom

从框模型可以体会出：在 CSS 中一些元素皆为方框。

根据方框所占据的空间进行分类，分为以下两大类。

块级框：从上到下一个接一个地排列，框之间的垂直距离是由框的垂直外边距计算出来。如常用的 div、h1 或 p 元素。

行内框：在一行中水平布置。可以使用水平内边距、边框和外边距调整它们的间距。但是，垂直内边距、边框和外边距不影响行内框的高度，行框的高度总是足以容纳它包含的所有行内框。如常用的 span 和 strong 等元素。

1.3.4 CSS 的定位

所谓 CSS 定位，是指利用 CSS 样式定位元素在网页中的位置。CSS 定位的基本思想就是允许定义元素框相对于其正常位置应该出现的位置，或者相对于父元素、另一个元素甚至浏览器窗口本身的位置。

【知识基础】

在这里首先要弄清两个概念：普通流、浮动。

普通流：除非专门指定，否则所有框都在普通流中定位，普通流中的元素的位置由元素在 X(HTML) 中的位置决定。块级框从上到下一个接一个地排列，行内框在一行中水平布置。

浮动：通过设置浮动，可以实现元素框向左或向右移动，直到它的外边缘碰到包含框或另一个浮动框的边框为止。可见浮动框已经脱离了文档的普通流，对于普通流块框来说，浮动框就像不存在一样。

弄清了元素在浏览器中的状态后，可以通过 position 属性的四种状态，来改变元素框的状态，具体如表 1-1 所示。

表 1-1　position 属性表

属性名	属 性 值
absolute	生成绝对定位的元素，相对于 static 定位以外的第一个父元素进行定位 元素的位置通过 left、top、right 以及 bottom 属性进行规定
fixed	生成绝对定位的元素，相对于浏览器窗口进行定位 元素的位置通过 left、top、right 以及 bottom 属性进行规定
relative	生成相对定位的元素，相对于其正常位置进行定位 因此，left:20 会向元素的 LEFT 位置添加 20 像素
static	默认值，没有定位，元素出现在正常的流中(忽略 top、bottom、left、right 或者 z-index 声明)
inherit	规定应该从父元素继承 position 属性的值

【任务实施】

案例 简单的鼠标跳动效果。

从表 1-1 可以看出，CSS 定位关键在于把握四个关键概念：普通流、正常流、相对定位、绝对定位。同时结合灵活 display 属性实现块级元素和行元素的相互变化，利用 CSS 也可以制作出一些动画，以丰富页面的效果。

任务 1 编写网页 test5.html。

步骤 1 打开站点 test。

步骤 2 在 test 站点中新建网页文件 test5.html。

步骤 3 鼠标定位在 HTML 文档的 <body></body> 标记之间，添加代码如下：

```html
<body>
    <div id="con">
        <a href="#">首     页</a>
        <a href="#">企业动态</a>
        <a href="#">企业新闻</a>
        <a href="#">联系方式</a>
        <a href="#">友情链接</a>
    </div>
</body>
```

任务 2 编写网页 test4.html 的内部样式表。

步骤 鼠标定位在 HTML 文档的 <head></head> 标记之间，添加样式代码如下：

```html
<head>
    <style type="text/css">
    #con{
        width:600px;
        height:40px;
        background-color:#333;
        text-align:center;
    }
    a:link,a:visited{
        color:#FFF;
        text-decoration:none;
        display:block;
        width:80px;
        height:40px;
        float:left;
        line-height:40px;
    }
    a:hover{
        color:#FF3;
        position:relative;
        top:3px;
```

```
        left:3px;
    }
    </style>
</head>
```

任务 3　在浏览器中测试效果,如图 1-7 所示。

图 1-7　简单的鼠标跳动效果图

1.4　关于网页布局

1.4.1　网页布局的相关技术

所谓网页布局,就是对文字、图片、动画等网页元素,设置其位置、大小、形状等最佳的表现方式呈现给浏览者。但在网页进行布局时,要注意网页布局的基本要素。

页面尺寸:网页的页面尺寸受到显示器分辨率的限制,所能应用的实际尺寸要去掉浏览器所占去的部分空间,因此网页尺寸规格如表 1-2 所示。

表 1-2　网页尺寸规格表

显示器分辨率	实际页面尺寸	显示器分辨率	实际页面尺寸
800×600 像素	780×428 像素	640×480 像素	620×311 像素
1024×768 像素	1007×600 像素		

由于现在显示器分辨率不断增大,1024×768 像素显示器分辨率已是设计的主流。

版面结构设计:网页是一种通过传媒手段,利用视觉和听觉方式来传递信息的。因此设计的出发点,既要注重信息的价值性,又要注重页面的艺术性,这就需要在版面结构设计方面下功夫。网页的版面结构设计类型常规的有骨骼型、曲线型、倾斜型等。其网页元素主体结构分为网页头部、网页主体内容、网页脚部三大区域块。

网页头部又可称页眉。作用是定义页面的主题。常放置网站的 Logo、旗帜广告、导航等关键信息,使浏览者知道本站点的内容。从设计角度来说,网页头部是整个页面设计的关键,它将对页面的色彩体系和结构体系起到引领和协调的作用,牵涉下面的更多设计和整个页面的协调性。

网页主体内容。作用是显示网站的主要信息,用于放置本网站的信息栏目。相对网页头部和脚部来说结构复杂度很高,是文本、图片、动画等网页元素的主要展示区域。因此设置结构清晰、栏目划分明确的布局设计,是吸引浏览者的关键。

网页脚部。与网页头部相呼应。主要放置制作者、公司信息、版权所有等相关信息,许多制作信息都放置在这个位置。

1.4.2 网页布局的流程

网页布局粗看没有头绪，实际上是按人类从上到下、从左到右的浏览习惯设计的，布局也要遵照这个习惯进行。同时注意页面栏目的完整性，先划大区域再逐步细化，因此网页布局的流程分为两大环节。

区域划分，就是采用手绘的方式将页面的各个功能区域绘制成块，可以采用在纸上进行，也可以利用 Photoshop、写字板等软件进行，以计算整个页面的区域数量，如图 1-8 所示。

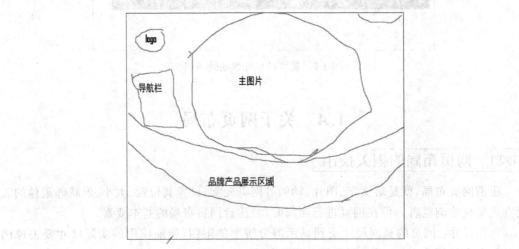

图 1-8　网页区域划分示意图

网页合成，针对区域划分，对所有区域图设计名称。根据区域的功能来确定利用 HTML 标签及相应用的 CSS 样式结构，实现最终效果，如图 1-9 所示。

图 1-9　网页最终效果示意图

1.4.3 网页布局的 HTML 技术

网页布局技术是利用 HTML 实现页面结构的建立,利用 CSS 样式对结构进行优化、美化来完成的。对于 HTML 来说结构的搭建主要有三种,分别为表格、DIV 和框架,下面就来说两者的特点。

1. 关于表格布局

表格布局是传统的页面布局技术,优势在于它既能对不同对象加以处理,又不用担心不同对象之间的影响,而且表格在定位图片和文本上比起用 CSS 更加方便。表格布局的缺点是,当用了过多表格时,页面下载速度受到影响。并且,页面修改的工作量过大,可利用性差。

2. 关于 DIV 布局

目前主流的网页设计架构大多为 DIV+CSS 结构,它区别于传统的表格定位的形式,采用以"块"为结构的定位形式,用最简洁的代码实现精准的定位,也方便维护人员的修改和维护,更大化地优化了搜索引擎的搜索,也方便了 SEO 人员的优化工作。

3. 关于框架

从布局角度来说,框架结构也是一种好的布局方式,可以实现把不同对象放置到不同的页面加以处理,但由于框架间相互限制,缺少灵活性,多用于后台页面布局。

1.5 DIV+CSS 页面布局基础

1.5.1 单栏式布局设计

DIV+CSS 布局方式充分体现了结构与表现分离设计思想。其中 DIV 是利用 HTML 标记来组织页面的结构,CSS 是针对结构层次对各个标记进行美化。在本节中将专注于结构与表现的如何分工,又如何融为一体的实现过程。

【知识基础】

关于 DIV 单栏布局:DIV 单栏布局从表现来看就是一个独立的 DIV 区域,适用于网页栏目区域、内容区域、各个功能块区域的界定,是 DIV+CSS 布局的基础。

从适应浏览器的角度来说关于单栏布局可以分成固定宽度和自适应宽度两种模式,所谓固定宽度是指其宽度的属性值是固定像素;反之自适应是指宽度随浏览器的变化而发生变化。下面通过具体的例子来具体讲述这种模式。

【任务实施】

案例 1 创建固定宽度的单栏布局。
任务 1 在 HTML 文档中添加 DIV 结构。
步骤 1 鼠标定位在 HTML 文档的<body></body>标记之间。
步骤 2 添加 div 标记内容如下:

```
<div id="div1">1 列固定宽度,要设置像素值。</div>
```

步骤3 在设计窗口中显示内容如下:

1列固定宽度,要设置像素值。

任务2 为 DIV 结构创建 CSS 样式。

步骤1 确定添加 CSS 的位置。

步骤2 在 HTML 文档的<head>标记对之间相应的位置输入定义的 CSS 样式代码,固定布局的使用方法,具体操作方法如下:

```
#div1{
  background-color:#CCCCCC;
  border:3px solid #ff3399;
  width:300px;
  height:200px;
}
```

任务3 在浏览器中测试效果,如图1-10所示。

图1-10 固定宽度浏览器示意图

案例2 设置1列自适应宽度。

任务1 在 HTML 文档中的 DIV 块的规划情况如下:

步骤1 鼠标定位在 HTML 文档的<body></body>标记之间。

步骤2 添加 div 标记内容如下:

<div id="div1">1列自适应宽度,要设置百分比。</div>

步骤3 在设计窗口中显示内容如下:

1列自适应宽度,要设置百分比。

任务2 当宽度实现自适应后,DIV 块规划方法不发生变化,只要修改 CSS 样式代码就可以,自适应布局的使用方法,具体操作方法如下:

```
#div1{
  background-color:#CCCCCC;
  border:3px solid #ff3399;
  width:60%;
  height:70%;
}
```

任务 3　在浏览器中测试效果,如图 1-11 所示。

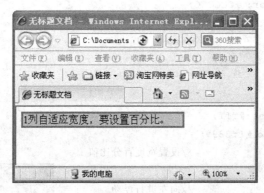

图 1-11　自适应宽度浏览器示意图

1.5.2　二栏式布局设计

【知识基础】

二栏式布局设计从表现来看,就是将一个 DIV 区域分割成左右两个栏目,是 DIV＋CSS 布局细化的基础,适用于网页各栏目区域的界定。从适应浏览器的角度而言,二栏式布局可以分为固定宽度和自适应宽度两种模式。固定宽度就是设计二栏区域块的宽度固定像素值,而自适应宽度模式中的 DIV 块没有固定宽度值,需要设置百分比,可随浏览器窗口的大小变化而变化。在二栏自适应宽度模式中,可以设置右侧或左侧的自适应宽度,也可以同时设置两侧自适应宽度。下面通过具体的例子来具体讲述这种模式。

【任务实施】

案例 1　创建固定宽度的二栏式布局。

任务 1　在 HTML 文档中添加 DIV 结构。

步骤 1　鼠标定位在 HTML 文档的<body></body>标记之间。

步骤 2　添加 div 标记内容如下:

```
<div id="con">
  <div id="left">二栏固定宽度,左边的列。</div>
  <div id="right">二栏固定宽度,右侧的列。</div>
</div>
```

步骤 3　在设计窗口中,可发现 left 和 right 两个栏的区域块呈上下排列。

任务2 为DIV结构创建CSS样式。

步骤1 确定添加CSS的位置。

步骤2 在HTML文档的<head>标记对之间的相应位置输入定义的CSS样式代码，因为DIV为块级元素，为了实现两个DIV块在一行的效果，本例采用了float属性的浮动效果固定布局，具体操作方法如下所示。

```
#con{
  background-color: #CCCCCC;
  border:3px solid #ff3399;
  width:220px;
  height:150px;
}
#left{
  background-color:#fff;
  border:3px solid #ff3399;
  width:50px;              //设置宽度百分比值
  height:100px;
  float:left;              //向左进行浮动
}
#right{
  background-color: #fff;
  border:3px solid #67f444;
  width:150px;             //设置宽度百分比值
  height:100px;
  float:left;              //向左进行浮动
}
```

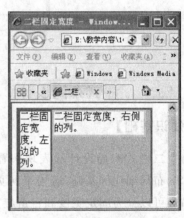

图1-12 二栏固定宽度浏览器示意图

任务3 在浏览器中测试效果，如图1-12所示。

案例2 设置二栏自适应宽度。

任务1 在HTML文档中规划DIV块。

步骤1 鼠标定位在HTML文档的<body></body>标记之间。

步骤2 添加div标记内容如下：

```
<div id="con">
  <div id="left">二栏自适应宽度,左边的列。</div>
  <div id="right">二栏自适应宽度,右侧的列。</div>
</div>
```

步骤3 在设计窗口中，left和right呈纵向排列。

任务2 当宽度实现自适应后，DIV块规划方法不发生变化，只要修改CSS样式代码就可以。

```
#con{
  background-color: #CCCCCC;
  border:3px solid #ff3399;
```

```
  width:220px;
  height:150px;
}
#left{
  background-color:#fff;
  border:3px solid #ff3399;
  width:20%;                //设置宽度百分比值
  height:100px;
  float:left;               //向左进行浮动
}
#right{
  background-color:#fff;
  border:3px solid #67f444;
  width:70%;                //设置宽度百分比值
  height:100px;
  float:left;               //向左进行浮动
}
```

任务 3 在浏览器中测试效果,如图 1-13 所示。

图 1-13 二栏自适应宽度浏览器示意图

1.5.3 三栏式布局设计

【知识基础】

　　DIV+CSS 布局方式充分体现了结构与表现分离的设计思想,其中 DIV 是利用 HTML 标记来组织页面的结构,CSS 是针对结构层次对各个标记进行美化。从页面表现上来说,网页中繁杂的 DIV 区域结构图,实际上都是由单栏、两栏、三栏组合而成的,在单栏、二栏式布局学习的基础上,掌握三栏式布局设计。对于页面的组织与架构也起着至关重要的作用。下面通过具体的例子来具体讲述这种模式。

【任务实施】

案例 1 创建三栏固定宽度的单栏布局。

任务 1 在 HTML 文档中添加 DIV 结构。

步骤 1 鼠标定位在 HTML 文档的<body></body>标记之间。

步骤 2 添加 div 标记内容如下:

```
<div id="con">
  <div id="left">三栏固定宽度,左边的列。</div>
  <div id="middle">中间列宽固定。</div>
  <div id="right">三栏固定宽度,右侧的列。</div>
</div>
```

步骤 3 在设计窗口中显示 left、middle、right 三个区域块成纵向排列。

任务 2 为 DIV 结构创建 CSS 样式。

步骤 1 确定添加 CSS 的位置。

步骤2　在 HTML 文档的<head>标记对之间相应的位置输入定义的 CSS 样式代码,固定布局的使用方法,具体操作方法如下:

```css
#con{
    background-color:#CCC;
    width:300px;
    height:200px;
    border:3px solid #ff3399;
}
#left{
    background-color: #fff;
    border:3px solid #000;
    width:80px;
    height:150px;
    float:left;
}
#middle{
    background-color: #000000;
    border:3px solid #ffffff;
    width:80px;
    height:150px;
    color: #FFFFFF;
    float:left;
}
#right{
    background-color: #fff;
    border:3px solid #000;
    color: #FFFFFF;
    width:120px;
    height:150px;
    float:left;
}
```

任务3　在浏览器中测试效果,如图 1-14 所示。

案例2　关于三栏自适应宽度。

任务1　在 HTML 文档中规划 DIV 块。

步骤1　鼠标定位在 HTML 文档的<body></body>标记之间。

步骤2　本例主要是针对中间栏进行宽度自适应设置,要认真体会在浏览窗口大小变化时,以下三个区域块的变化规律,添加 div 标记内容如下:

```html
<div id="left">三栏自适应宽度,左边的列。</div>
<div id="middle">三栏自适应,中间列宽。</div>
<div id="right">三栏自适应宽度,右侧的列。</div>
```

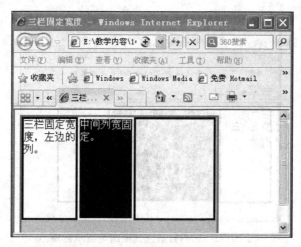

图 1-14 三栏固定宽度浏览器示意图

步骤 3 在设计窗口中显示 left、middle、right 三个区域块成纵向排列。

任务 2 当宽度实现自适应后，DIV 块规划方法不发生变化，只要修改 CSS 样式代码就可以。由于三栏中有三个 DIV 区域块，自适应宽度可针对一个或多个块进行，具体操作方法如下所示。

```
#left{
  background-color:#fff;
  border:3px solid #000;
  width:20%;
  height:150px;
  float:left;
}
#middle{
  background-color:#000000;
  border:3px solid #ffffff;
  height:150px;
  color:#FFFFFF;
  float:left;
}
#right{
  background-color:#fff;
  border:3px solid #000;
  color:#FFFFFF;
  width:20%;
  height:150px;
  float:left;
}
```

任务 3 在浏览器中测试效果，如图 1-15 所示。

图 1-15　三栏自适应宽度浏览器示意图

1.6　任务拓展

任务　制作框架结构图。

任务描述：图 1-16 是骨骼型网页的基本框架结构。主要分为外框、网头、网页内容、网底四个结构,其中网头部分又分为左、右两个区域,网页内容分为左、中、右三个区域。

任务要求：利用 DIV+CSS 制作如图 1-16 所示结构。

图 1-16　骨骼型框架结构

1.7　本章小结

　　本章主要介绍了网页的基本概念、工作原理,网页的元素特征等基础知识。在此基础上重点介绍了网页的布局基础和流程、相关技术及 DIV+CSS 进行页面布局的基本思想和技巧。通过本章的学习,可以掌握网页布局的 DIV+CSS 技术基础,为后面制作各种网页效果做好准备。

习 题

一、填空题

（1）CSS 样式优先级序列从高到低是行内样式、内部样式、_____、默认样式。

（2）网页布局的两个主要标签是_____和_____。

（3）外部样式单文件的扩展名是_____。

（4）实现块级元素浮动的属性是_____。

（5）块级元素可利用_____属性实现水平居中。

（6）文本/图片可利用_____属性实现在当前块内水平居中。

（7）块级元素可利用_____属性实现竖直居中。

二、选择题

（1）CSS 中 ID 选择符在定义的前面要有指示符（　　）。

  A. *   B. &   C. !   D. #

（2）下列选项中属于 CSS 行高属性的是（　　）。

  A. font-size B. text-transform C. text-align D. line-height

（3）不属于 BOX 模型属性的是（　　）。

  A. margin B. padding C. color D. border

（4）CSS 是利用什么 XHTML 标记构建网页布局？（　　）

  A. <dir> B. <div> C. <dis> D. <def>

（5）CSS 中 class 选择符在定义的前面要有指示符（　　）。

  A. .   B. &   C. !   D. #

三、操作题

已有区域块：

```
<div id="div1"></div>
<div id="div2"></div>
<div id="div3"></div>
```

其中，div1 宽度为 100px，div2 宽度为 300px，div3 宽度为 200px，高度均为 300px。

操作要求如下：

（1）将 div1、div2、div3 区域块按从左到右顺序进行排列。

（2）将 div1、div3、div2 区域块按从左到右顺序进行排列。

（3）将 div3、div2、div1 区域块按从左到右顺序进行排列。

网页图文排版

文字和图像都是网页中十分重要的组成部分,担负着传递信息的重要任务。文字所占有的存储空间非常小,在一些大型网站中,文字的主导地位是无可替代的。几乎所有的网站都使用图像来增加吸引力,有了图像,网站才能够吸引更多的网友驻足,才能够更好地表现主题。但是,图像的增加也会使网页的下载时间大大增加,所以设计网页时要整体考虑图像的数目和大小,要适量。

本章要点

- 掌握设计图文版面技术。
- 掌握插入多媒体技术。

2.1 设计图文版面

2.1.1 制作网页文字版面

【知识基础】

文本是网页中的重要元素之一。大多数的网页都要通过文本来表现网页内容,合理的文本编辑要以增加网页的逻辑性和视觉性,给人一目了然的感觉为目的。在本节中将结合实例讲解文本在网页中的具体应用方法,包括文本的添加、文本样式的设置、排版等。

1. 头部标签

<head>标签:出现在 HTML 文档的开始部分,位于<head>与</head>之间的内容,不会在浏览器窗口中显示。

<title>标签:用于定义 HTML 网页的标题,位于<title>与</title>之间的内容,将显示在浏览器的窗口中。

<meta>标签:位于文档的头部,不包含任何内容。<meta>标签的属性定义了与文档相关联的名称/值对。用于借助 HTML 网页的字符编码、关键字、描述、作者、自动刷新等信息,包括以下几种属性。

name 属性:提供了名称/值对中的名称。如"keywords"是一个经常被用到的名称,它为文档定义了一组关键字。某些搜索引擎在遇到这些关键字时,会用这些关键字对文档进行分类。

http-equiv 属性:为名称/值对提供了名称。并指示服务器在发送实际的文档之前先要传送给浏览器的 MIME 文档头部包含名称/值对。

content 属性:提供了名称/值对中的值。该值可以是任何有效的字符串。content 属性始终要和 name 属性或 http-equiv 属性一起使用。

charset:设置字符与汉字的编码。

例如:

```
<html>
    <head>
        <title>meta 标签的应用</title>
        <meta http-equiv="content-type" content="text/html;charset=gb2312">
        <meta name="description" content="这是一个有关搜索引擎的主页"/>
        <meta name="keywords" content="电影,电视剧,VCD,DVD"/>
        <meta name="author" content="李明"/>
        <meta http-equiv="refresh" content="5;URL=http://www.126.com">
    </head>
    <body>
    </body>
</html>
```

其中,<meta http-equiv="content-type" content="text/html;charset=gb2312">用于设置网页字符的编码方式;<meta name="description" content="这是一个有关搜索引擎的主页"/>用于指定对网页的描述;<meta name="keywords" content="电影,电视剧,VCD,DVD"/>用于标记搜索引擎在搜索网页时所获取的关键词;<meta name="author" content="李明"/>用于表示网页的设计者;<meta http-equiv="refresh" content="5;URL=http://www.126.com">用于定义网页打开 5 秒后自动跳转到 http://www.126.com。

2. 主体标签

<body>标签用于标记 HTML 网页的主体部分,在<body>与</body>标签之间,一般包含其他标签,这些标签和标签属性构成了 HMTL 网页的主体部分。

(1) 设置背景颜色:bgcolor。例如:

```
<body bgcolor="#ff0000">
```

用于设置背景颜色为红色。

(2) 插入背景图片:background。例如:

```
<body background="1.jpg">
```

用于将图片 1.jpg 设置为背景。例如:

```
<body background="1.jpg" bgproperties="fixed">
```

用于使背景图片不随滚动条滚动。

（3）设置文字颜色与链接颜色：text 属性表示 HTML 网页的文本颜色，使用 text 定义的颜色将应用于整篇文档。例如：

`<body text="#ff0000">`

用于设置文本颜色为红色。

使用 link、vlink、alink 属性可以分别控制普通的超级链接、访问过的超级链接和当前活动的超级链接文本的颜色。例如：

`<body link="#ccddee" vlink="#ff3366" alink="#6699cc">`

（4）设置页边距：topmargin 和 leftmargin 属性用于设置网页主体内容与网页顶端、左端的距离。例如：

`<body leftmargin="0" topmargin="0">`

用于设置网页主体内容与左端和顶端的距离为 0 像素。

3. 标题标签

标题标签<hn>，其中 n 取 1～6 的整数，表示标题级别。当 n 取 1 时为标题 1，字号最大；最小的标题级别是 6，此时字号最小。例如：

`<h1>`网页制作`</h1>`
`<h2>`网页制作`</h2>`
`<h3>`网页制作`</h3>`
`<h4>`网页制作`</h4>`
`<h5>`网页制作`</h5>`
`<h6>`网页制作`</h6>`

4. 段落标签

段落是通过<p>标签定义的。

属性：align 表示对齐段落，可取值为 left、center、right，默认值为 left。例如：

`<p align="left">`向左对齐　`</p>`
`<p align="center">`居中对齐`</p>`
`<p align="right">`　向右对齐`</p>`

5. 换行标签

换行标签
用于强行换行，在 HTML 代码里直接换行的话，按浏览器的不同可能显示为一个空格，或者被忽视。在浏览器里正确地换行要使用
换行标签。

6. 水平线标签

<hr>标签用来设置一条水平线分割线，水平分割线的特点是 100% 宽度，并且独占一

行,且与上下内容有一定距离。

属性:size 用于设定线宽;color 用于设定线的颜色;width 用于设定线长;align 用于设定对齐方式。例如:

```
<hr size="4" color="#0286ff" width="800" align="center">
```

7. 字体标签

字体标签＜font＞用于设置文本的属性。在最新的 HTML 版本(HTML 4 和 XHTML)中,字体标签已被废弃。万维网联盟已从其标准中删除了字体标签。在未来,样式表(CSS)将用来定义布局,以及显示 HTML 元素的属性。

8. 无序列表

列表就是在网页中将相关资料以条目的形式有序或无序排列而形成的表,类似于文字处理软件中的"项目符号和编号"。列表主要分为无序列表、有序列表和嵌套列表。

无序列表标签是＜ul＞＜/ul＞,无序列表是指没有进行编号的列表,每一个列表项前使用＜li＞标签。

＜li＞标签包含 type 属性,type 属性值可为 disc(圆点)、circle(圆圈)、square(方块),其默认符号是圆点。例如:

```
<ul>
    <li>在那遥远海边慢慢消失的你</li>
    <li>本来模糊的脸竟然渐渐清晰</li>
    <li type="disc">想要说些什么又不知从何说起</li>
    <li type="disc">只有把它放在心底</li>
    <li type="circle">茫然走在海边看那潮来潮去</li>
    <li type="circle">徒劳无功想把每朵浪花记起</li>
    <li type="square">想要说声爱你却被吹散在风里</li>
    <li type="square">猛然回头你在哪里</li>
</ul>
```

显示效果如图 2-1 所示。

9. 有序列表

有序列表就是列表项的前导符号是有序的符号标识的列表。有序的符号标识包括:阿拉伯数字、小写英文字母、大写英文字母、小写罗马数字、大写罗马数字。

有序列表由＜ol＞和＜li＞标签来标记。其中,＜ol＞标签标识一个有序列表的开始,＜li＞标签标识一个有序列表项。

＜ol＞标签包含 type 属性,type 属性的值有 1、A、a、Ⅰ和Ⅱ;start 属性可以定义列表的起始编号,如果希望列表的第一个编号为 3,而不是 1,则需要定义＜ol＞元素的 start 属性。例如:

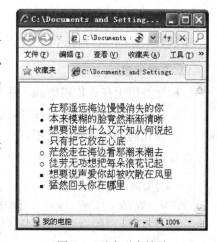

图 2-1 无序列表效果

```
<ol>
    <li>如果大海能够唤回曾经的爱</li>
    <li>就让我用一生等待</li>
</ol>
<ol >
    <li type="A">如果深情往事你已不再留恋</li>
    <li type="A">就让它随风飘远</li>
</ol>
<ol>
    <li type="a">徒劳无功想把每朵浪花记起</li>
    <li type="a">想要说声爱你却被吹散在风里</li>
</ol>
<ol>
    <li type="1">如果大海能够带走我的哀愁</li>
    <li type="1">就像带走每条河流</li>
</ol>
<ol>
    <li type="I">所有受过的伤</li>
    <li type="I">所有流过的泪</li>
</ol>
<ol>
    <li type="i">我的爱 </li>
    <li type="i">请全部带走</li>
</ol>
<ol start="3">S
    <li type="A">所有受过的伤</li>
    <li type="A">所有流过的泪</li>
    <ol start="8">
        <li>我的爱</li>
        <li type="i">请全部带走</li>
    </ol>
</ol>
```

显示效果如图 2-2 所示。

10. 注释标签

注释标签用于在源代码中插入注释,注释不会显示在浏览器中。

可以使用注释对代码进行解释,这样做有助于在以后的时间对代码进行编辑。尤其当编写了大量代码的时候非常有用。

注释语法:

```
<!--注释的内容-->
//注释内容(在 CSS 或 JavaScript 中插入单行注释)
/*注释内容*/(在 CSS 或 JavaScript 中插入多行注释)
```

例如:

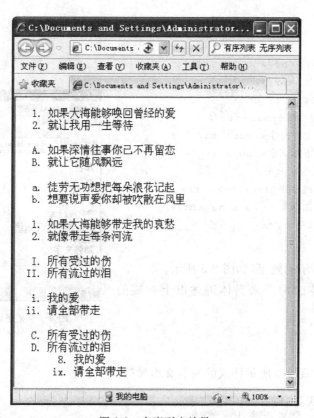

图 2-2 有序列表效果

```
<body>
<!--这是注释-->
    注释在浏览器中将被隐藏
</body>
```

11. 文字格式化

常见的文字格式化标签如表 2-1 所示。

表 2-1 文字格式化标签列表

标　签	说　明	标　签	说　明
\<b\>	加粗文字	\<u\>	下划线
\<i\>	斜体文字	\<ins\>	插入文字
\<big\>	加大文字	\<del\>	被删除的文本
\<small\>	缩小文字	\<strike\>	定义删除线的文字
\<sup\>	上标文字	\<strong\>	加强文字
\<sub\>	下标文字	\<em\>	强调文字

例如：

```
<body>
    <b>加粗</b><br/>
    <i>斜体</i><br/>
    <big>加大</big><br/>
    <small>缩小</small><br/>
    sup<sub>上标文字</sub><br/>
    sub<sup>下标文字</sup>
    <u>下划线</u><br/>
    <strike>删除线</strike><br/>
    <strong>加强文字</strong><br/>
    <em>强调文字</em>
</body>
```

在浏览器中显示的效果，如图 2-3 所示。

下面通过具体的例子来具体讲述以上标签的应用。

图 2-3　文字输出格式效果

【任务实施】

案例　进行如图 2-4 所示样式的网页文本排版。

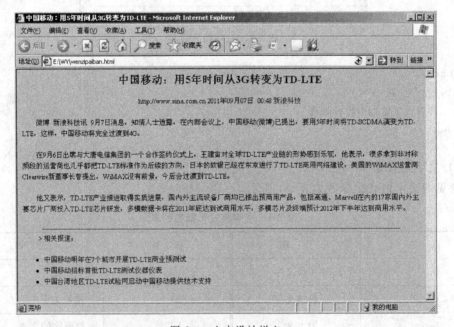

图 2-4　文本设计样文

任务 1　添加网页文件的标题。

步骤　在＜title＞和＜/title＞标签之间添加"中国移动：用 5 年时间从 3G 转变为 TD-LTE"。

`<title>`中国移动:用 5 年时间从 3G 转变为 TD-LTE`</title>`

任务 2 设置网页正文的标题。

步骤 1 在"中国移动:用 5 年时间从 3G 转变为 TD-LTE"前后分别添加`<h3>`和`</h3>`标签。

步骤 2 自定义".h3"的 CSS 样式如下:

```
.h3 {
font-size: 20px;
font-weight: bold;
color: #003366;
text-align: center;}
```

步骤 3 在"http://www.sina.com.cn 2011 年 09 月 07 日 00:48 新浪科技"前后分别添加`<h4>`和`</h4>`。

步骤 4 自定义".h4"的 CSS 样式如下:

```
.h4 {
font-size: 13px;
text-align: center;
font-weight: normal;}
```

步骤 5 在"新浪科技"前后分别添加`<font>`和`</font>`标签:

`<font color="#990000">`新浪科技`</font>`

任务 3 设置新闻内容段落:

步骤 1 在"微博 新浪科技讯……将完全过渡到 4G。"前后分别添加`<p>`和`</p>`。

步骤 2 在"在 9 月 6 日……会过渡到 TD-LTE。"前后分别添加`<p>`和`</p>`。

步骤 3 在"他又表示……下半年达到商用水平。"前后分别添加`<p>`和`</p>`。

步骤 4 重新定义"p"的 CSS 样式如下:

```
p {text-indent: 2em;}
```

任务 4 设置页面边距、行高、页面文字字号及背景颜色,并添加水平线。

步骤 1 重新定义"body"的 CSS 样式如下:

```
body {
margin-left: 10px;
margin-top: 10px;
margin-right: 10px;
margin-bottom: 10px;
line-height: 20px;
font-size: 13px;
background-color: #acd6d9;}
```

步骤 2 在">相关报道"前面添加`<hr>`标签:

`<hr width="90%" size="1" noshade="noshade" class="hr">`

步骤3　重新定义"hr"的 CSS 样式如下：

```
.hr {
color: #CC0000;}
```

任务 5　设置"相关报道"及其下的文字列表。
步骤1　在">相关报道"前面添加空格。
步骤2　添加列表标签，内容如下：

```
<ul>
    <li>中国移动明年在7个城市开展 TD-LTE 商业预测试</li>
    <li>中国移动招标首批 TD-LTE 测试仪器仪表</li>
    <li>中国台湾地区 TD-LTE 试验网启动中国移动提供技术支持</li>
</ul>
```

2.1.2 制作网页图片版面

【知识基础】

图像在网页中具有重要的作用，与文本一样，都是网页中不可缺少的基本元素。为了更好地表达网页的内容，显示出网页的主题，在制作网页时通常使用图片，使得网页变得更加美观。

引用图像使用<img>标签，该标签包含 src 属性，即所引用图像的 URL 地址，URL 地址可以是绝对地址，也可以是相对地址。

语法格式：

```
<img src="image-URL">
```

属性如下。

src：属性是用来指出一个图像的 URL 路径名。
alt：图像的取代文字。
height/width：设定图像的高度和宽度，以像素为单位。
border：设定图像的边框，以像素为单位。
vspace/hspace：设定图像周围的空白区域。
align：设定图像的对齐方式。

1. 在页面中插入图片

如果图片文件 logo.png 在本地计算机的 images 文件夹中，则代码如下：

```
<img src="images/logo.png">
```

2. 替换文本说明

有时，由于网络过忙或用户在图片还没有下载完全就单击造成的浏览器的停止，导致用户不能在浏览器中看到图片时，替换文本说明就十分有必要了。替换文本说明应该简洁而清晰，能够为用户提供足够的图片说明信息，使用户在无法看到图片的情况下也可以了解图片的内容信息，如图2-5所示，代码如下：

```
<img src="images/ changbaishan.jpg" alt="长白山天池" />
```

3. 设定图像的宽度和高度

可以更改图像的宽度和高度来缩放图像的显示大小，但这不会缩短下载时间，因为浏览器在缩放图像前会下载所有图像数据。若要缩短下载时间并确保所有图像实例以相同大小显示，请使用图像编辑应用程序缩放图像。

调整了图片大小的代码如下：

```
<img src="images/ changbaishan.jpg" alt="长白山天池" width="209" height="240" />
```

图 2-5　添加替换文本

图 2-6　添加图片边框

4. 添加图片边框

有时在网页中通过给图片添加边框，会使页面显得更醒目、更美观，如图 2-6 所示，代码如下：

```
<img src="images/ changbaishan.jpg" alt="长白山天池" border="1" />
```

5. 图示周围添加空白区域

vspace 属性能够在图片的上下两侧添加空白区域，hspace 属性能够在图像的左右两侧添加空白区域，代码如下：

```
<img src="images/ changbaishan.jpg" alt="长白山天池" width="209" height="240" hspace="50" vspace="50" border="1" />
```

显示效果如图 2-7 所示。

【任务实施】

案例　进行如图 2-8 所示样式的网页图片排版。

图 2-7 添加空白区域

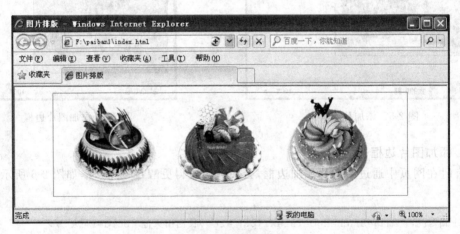

图 2-8 图片排版样文

任务 1 在 HTML 文档中添加 DIV 结构。

步骤 1 鼠标定位在 HTML 文档的<body></body>标签之间。

步骤 2 添加 div 标签内容如下：

```
<div id="con">
    <img src="images/tu6.jpg" width="150" height="150" />
    <img src="images/tu4.jpg" width="150" height="150" />
    <img src="images/tu11.jpg" width="150" height="150" />
</div>
```

步骤3　在设计窗口中显示内容如图2-9所示。

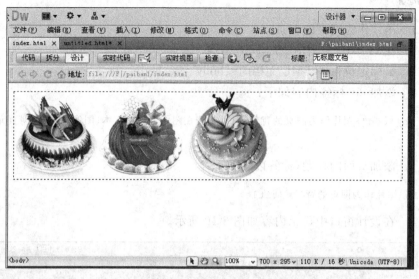

图2-9　排版前的图片

任务2　为 DIV 结构创建 CSS 样式。

步骤1　确定添加 CSS 的位置。

步骤2　在 HTML 文档的<head>标签对之间相应的位置输入定义的 CSS 样式代码，具体操作方法如下：

```
#con{
    width:600px;
    margin-top:10px;
    margin-right:auto;
    margin-bottom:10px;
    margin-left:auto;
    height:170px;
    border:1px solid #999;}
#con img{
    margin-left:30px;
    margin-top:8px;}
```

任务3　在浏览器中测试效果。

2.1.3　制作网页图文混排版面

【知识基础】

有了图像，网站才能够更好地表现主题。图像与文本的完美结合可以提升网页的美观性，吸引更多人的关注。本节将通过案例来学习怎样进行图片与文本的混合排版，使网页页面能够吸引更多网友的驻足。

【任务实施】

案例1 图片作为网页的背景。

任务1 在 HTML 文档中添加 DIV 结构。

步骤1 鼠标定位在 HTML 文档的<body></body>标签之间。

步骤2 添加 div 标签内容如下：

```
<div id="con">图片作为网页的背景,可以实现在图像上添加文本、图像、表格等网页元素。
</div>
```

步骤3 添加页面的标题,标签内容如下：

```
<title>图片作为网页的背景</title>
```

步骤4 在设计窗口中显示内容如图 2-10 所示。

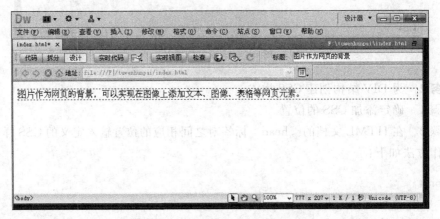

图 2-10　添加 CSS 样式表前的页面

任务2 为上述 DIV 结构创建 CSS 样式。

步骤1 确定添加 CSS 的位置。

步骤2 在 HTML 文档的<head>标签对之间相应的位置输入定义的 CSS 样式代码,具体操作方法如下：

```
#con{
    height: 200px;
    width: 400px;
    margin-top: 50px;
    margin-bottom: 0px;
    margin-left: 90px;
    color:#900;
    font-weight:bold;
    font-size:30px;
    text-indent: 2em;}
body{
    background-image: url(images/wybj.jpg);      //添加网页的背景图片
```

```
background-repeat: no-repeat; }
```

任务 3 在浏览器中测试效果,如图 2-11 所示。

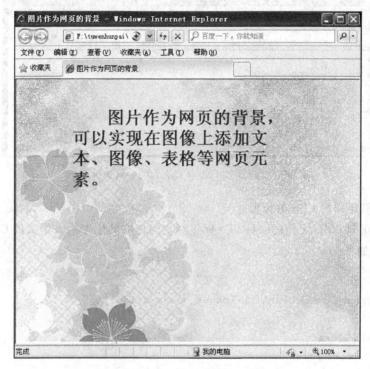

图 2-11 添加 CSS 样式表后的页面

案例 2 图片作为导航条的背景。

任务 1 在 HTML 文档中添加 DIV 结构。

步骤 1 鼠标定位在 HTML 文档的<body></body>标签之间。

步骤 2 添加 div 标签内容如下:

```
<div id="dh">
    <ul>
        <li>首页</li>
        <li>学院概况</li>
        <li>院系设置</li>
        <li>教学工作</li>
        <li>学生工作</li>
    </ul>
</div>
```

步骤 3 添加页面的标题,标签内容如下:

```
<title>图片作为导航条的背景</title>
```

步骤 4 在设计窗口中显示内容如图 2-12 所示。

任务 2 为上述 DIV 结构创建 CSS 样式。

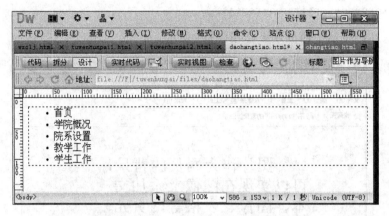

图 2-12 添加 CSS 样式表前的导航条页面

步骤 1 确定添加 CSS 的位置。

步骤 2 在 HTML 文档的<head>标签对之间相应的位置输入定义的 CSS 样式代码，具体操作方法如下：

```
#dh {
    background-image: url(../images/daohangtiao.jpg);
    height: 43px;
    width: 601px;
    margin-top: 10px;
    margin-right: auto;
    margin-bottom: 10px;
    margin-left: auto;}
#dh ul {
    list-style-type: none;}
#dh ul li {
    float: left;
    margin-right: 50px;
    margin-left: -10px;
    margin-top: 15px;}
```

任务 3 在浏览器中测试效果，如图 2-13 所示。

案例 3 图片与文字混排 1。

任务 1 在 HTML 文档中添加 DIV 结构。

步骤 1 在<body></body>标签之间添加 DIV 结构，代码内容如下：

```
<div id="p1">
    <img src="../images/zy1_lm302.jpg" width="187" height="150" />
    <div class="p2"></div>          //添加文本
    <div id="clear"></div>          //清除浮动块
    <img src="../images/zy1_lm327.jpg" width="187" height="155" />
    <div class="p2"></div>          //添加文本
```

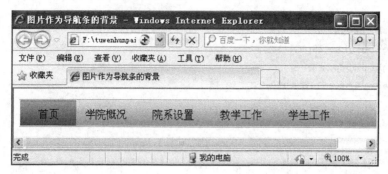

图 2-13　添加 CSS 样式表后的导航条页面

```
</div>
```

步骤 2　在每组<div class="p2"></div>代码之间添加相应的文本内容。

步骤 3　添加页面的标题，标签内容如下：

```
<title>图片与文字混排1</title>
```

步骤 4　在设计窗口中显示内容如图 2-14 所示。

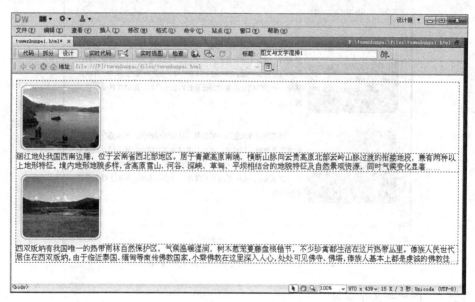

图 2-14　添加 CSS 样式表前的图文混排页面

任务 2　为上述 DIV 结构创建 CSS 样式。

步骤 1　确定添加 CSS 的位置。

步骤 2　在 HTML 文档的<head>标签对之间相应的位置输入定义的 CSS 样式代码，具体操作方法如下：

```
img {
    float: left;           //设置图片左浮动
    margin-top: 10px;}
```

```
#p1 {
    width: 600px;
    line-height: 25px;
    height: 350px;
    border: 1px solid #999;}
#clear {
    clear: left;}
.p2 {
    font-size: 14px;
    text-indent: 2em;
    margin-top: 22px;
    margin-right: 5px;
    margin-left: 5px;}
```

任务 3 在浏览器中测试效果如图 2-15 所示。

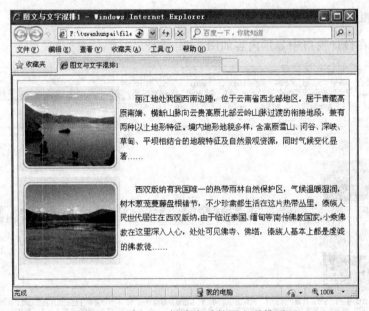

图 2-15 添加 CSS 样式表后的图文混排页面

案例 4 图片与文字混排 2。

任务 1 在 HTML 文档中添加 DIV 结构。

步骤 1 鼠标定位在 HTML 文档的＜body＞＜/body＞标签之间。

步骤 2 添加 div 标签内容如下：

```
<ul>
    <li><img src="../images/tu1.jpg" alt="tu1" width="150" height="150" />
    <br/>分享硕果<br/>￥208元</li>
    <li><img src="../images/tu2.jpg" width="150" height="150" />
    <br/>梦醉季节<br/>￥288元</a></li>
    <li><img src="../images/tu3.jpg" alt="tu3" width="150" height="150" />
```

```
<br/>浪漫时光<br/>￥188元</a></li>
<li><img src="../images/tu4.jpg" alt="tu4"
width="150" height="150" />
<br/>粉色情缘<br/>￥208元</a></li>
</ul>
```

步骤 3　添加页面的标题,标签内容如下:

```
<title>图片与文字混排2</title>
```

步骤 4　在设计窗口中显示内容如图 2-16 所示。

任务 2　为上述 DIV 结构创建 CSS 样式。

步骤 1　确定添加 CSS 的位置。

步骤 2　在 HTML 文档的<head>标签对之间相应的位置输入定义的 CSS 样式代码,具体操作方法如下:

```
ul {
    height: 220px;
    width: 700px;
    border: 1px solid #900;
    list-style-type: none;
    font-size: 13px;}
li {
    float: left;
    margin-top: 20px;
    margin-left: 10px;
    text-align: center;}
img {
    border: 1px solid #CCC;}
```

任务 3　在浏览器中测试效果如图 2-17 所示。

图 2-16　添加 CSS 样式表前的图片页面

图 2-17　添加 CSS 样式表后的图片页面

2.2 插入多媒体

2.2.1 制作滚动的文本和图片页面

【知识基础】

通过 HTML 的＜marquee＞标签就能够达到文字在网页中移动的效果。但是＜marquee＞只适用于 Internet Explorer，除 IE 浏览器外，其他浏览器会忽略＜marquee＞标签以及它的属性。但是并不会忽略＜marquee＞标签内的内容，标签内的内容将以静态的形式显示在浏览器中。在本节中将结合实例学习如何在页面中制作滚动的文本或图片。

1. 创建滚动文本

`<marquee>这是滚动的文本!</marquee>`

2. 设置滚动文本的属性

direction：表示滚动的方向，属性值可以是 left、right、up、down，默认值为 left，在不设置 direction 属性时，文字的滚动顺序为从右向左移动，代码如下所示。

`<marquee direction="right">文字从左向右滚动!!!</marquee>`

behavior：表示滚动的方式，属性值可以是 scroll（连续滚动）、slide（滑动一次）、alternate（来回滚动）。scroll 为 behavior 属性的默认值，代码如下所示。

`<marquee behavior ="alternate">文字来回滚动!!!</marquee>`

loop：表示循环的次数，值是正整数，默认为无限循环，代码如下所示。

`<marquee loop="3" behavior =" scroll">文字循环滚动 3 次!!!</marquee>`

scrollamount：表示运动速度，即滚动过程中文字每次移动的像素数，值是正整数，当 scrollamount 取值较小时，文字滚动的较慢，反之文字滚动较快。

scrolldelay：表示停顿时间，即文字移动的延迟，以毫秒为单位，值是正整数，取值越小，文字滚动的越快（文字滚动速度与计算机处理能力有关）。

scrollamount 与 scrolldelay 一般在一起使用，代码如下所示。

`<marquee scrollamount="30" >加快文字移动速度!!!</marquee>`
`<marquee scrollamount="10" scrolldelay="200" >延缓文字移动速度!!!</marquee>`

bgcolor：表示滚动区域的背景色，其值可以是 RGB 颜色值、颜色名以及十六进制作颜色值，默认值为白色，代码如下所示。

`<marquee bgcolor ="yellow" >滚动区域为黄色!!!</marquee>`

在浏览器中的显示效果如图 2-18 所示。

height、width：表示滚动字幕区域的高度和宽度，值是正整数（单位是像素）或百分数，默认 width＝100%，height 为标签内元素的高度，代码如下所示。

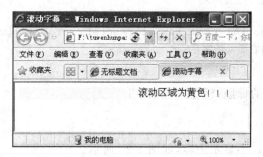

图 2-18　滚动区域为黄色的效果图 1

```
<marquee width="30%" height="30" bgcolor="#ff3366">宽度为 30%的滚动字幕效果!!!
</marquee>
<marquee width="400" height="30" bgcolor="#ff3366">宽度为 400 的滚动字幕效果!!!
</marquee>
```

在浏览器中的显示效果如图 2-19 所示。

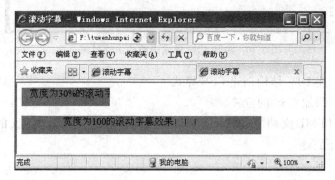

图 2-19　滚动区域为黄色的效果图 2

hspace、vspace：表示滚动元素到区域边界的水平距离和垂直距离，值是正整数，单位是像素，代码如下所示。

```
<marquee hspace ="100" vspace="40" bgcolor="#ff0000">滚动字幕距离左右两侧 100 像素、距离上下两侧 40 像素!!!</marquee>
```

onmouseover=this.stop()、onmouseout=this.start()：表示当鼠标移到滚动区域的时候滚动停止，当鼠标移开的时候又继续滚动，代码如下所示。

```
<marquee width ="100" height="40" bgcolor="#ff3366" onmouseover=this.stop()
onmouseout=this.start()>滚动字幕效果!!!</marquee>
```

【任务实施】

案例 1　创建由左向右的滚动字幕，移动速度为每 200ms 10px。

任务 1　在 HTML 文档中添加 DIV 结构。

步骤 1　鼠标定位在 HTML 文档的<body></body>标签之间。

步骤 2　添加 div 标签内容如下：

```
<div id="gd">
    <marquee direction=right behavior=scroll scrollamount=10 scrolldelay=
    200>这是一个向右滚动的字幕。</marquee>
</div>
```

步骤3 添加页面的标题,标签内容如下:

```
<title>滚动字幕</title>
```

步骤4 在设计窗口中显示内容,如图2-20所示。

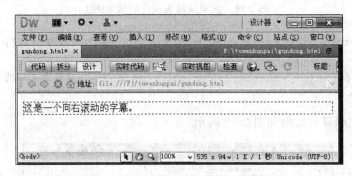

图2-20 添加CSS样式表前的滚动效果页面

任务2 为上述DIV结构创建CSS样式。

步骤1 确定添加CSS的位置。

步骤2 在HTML文档的＜head＞标签对之间相应的位置输入定义的CSS样式代码,具体操作方法如下:

```
#gd {
    height: 30px;
    width: 500px;
    border: 1px solid #999;
    background-color: #FFC;}
```

任务3 在浏览器中测试效果,如图2-21所示。

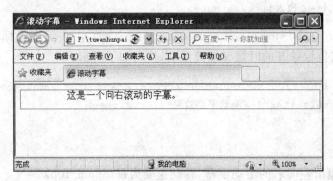

图2-21 添加CSS样式表后的滚动效果页面

案例2 创建由下向上的滚动字幕,移动速度为每100ms 2px。

任务1 在HTML文档中添加DIV结构。

步骤 1　鼠标定位在 HTML 文档的<body></body>标签之间。
步骤 2　添加 div 标签内容如下：

```
<div id="gd">
<marquee direction="down" width="160" height="120" behavior="scroll" scrollamount="2" scrolldelay="100">使文字在网页中动态地滚动不只是 Flash 动画的专利,通过滚动标签同样能够达到文字在网页中移动的效果。
</marquee>
</div>
```

步骤 3　添加页面的标题,标签内容如下：

```
<title>滚动字幕</title>
```

步骤 4　在设计窗口中显示内容,如图 2-22 所示。

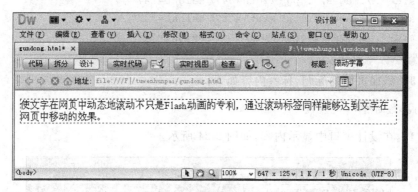

图 2-22　添加 CSS 样式表前的滚动文字页面

任务 2　为上述 DIV 结构创建 CSS 样式。
步骤 1　确定添加 CSS 的位置。
步骤 2　在 HTML 文档的<head>标签对之间相应的位置输入定义的 CSS 样式代码,具体操作方法如下：

```
#gd {
    height: 120px;
    width: 180px;
    border: 1px solid #999;
    background-color: #FFC;
    font-size:13px;
    line-height:20px;
    text-align:center;}
```

任务 3　在浏览器中测试效果,如图 2-23 所示。
案例 3　制作滚动图片效果：滚动方向向右,步长(即 scrollamount 运动速度)1px,延迟 99ms,滚动区域宽度 540px,鼠标悬浮停止运动,离去继续运动。
任务 1　在 HTML 文档中添加 DIV 结构。

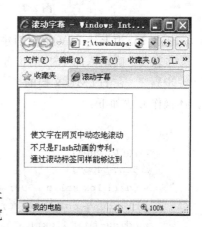

图 2-23　添加 CSS 样式表后的滚动文字页面

步骤1　鼠标定位在 HTML 文档的<body></body>标签之间。
步骤2　添加 div 标签内容如下：

```
<div id="gd">
<marquee direction="right" width="540" scrollamount="5"
scrolldelay="99" onmouseover="this.stop()"
onmouseout="this.start()">
<img src="../images/1.jpg" width="47" height="47" />
<img src="../images/2.jpg" width="47" height="47" />
<img src="../images/3.jpg" width="47" height="47" />
<img src="../images/4.jpg" width="47" height="47" />
<img src="../images/5.jpg" width="47" height="47" />
<img src="../images/6.jpg" width="47" height="47" />
<img src="../images/7.jpg" width="47" height="47" />
<img src="../images/8.jpg" width="47" height="47" />
<img src="../images/9.jpg" width="47" height="47" />
</marquee></div>
```

步骤3　添加页面的标题，标签内容如下：

```
<title>滚动图片</title>
```

步骤4　在设计窗口中显示内容，如图 2-24 所示。

图 2-24　添加 CSS 样式表前的滚动图片页面

任务2　为上述 DIV 结构创建 CSS 样式。
步骤1　确定添加 CSS 的位置。
步骤2　在 HTML 文档的<head>标签对之间相应的位置输入定义的 CSS 样式代码，具体操作方法如下：

```
#gd {
    height: 60px;
    width: 540px;
    border: 1px solid #999;
    background-color: #FFC;
    padding-top: 11px;}
```

任务3　在浏览器中测试效果，如图 2-25 所示。

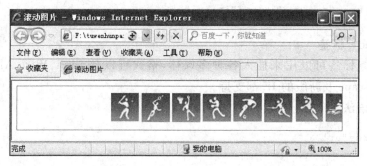

图 2-25　添加 CSS 样式表后的滚动图片页面

2.2.2　制作背景音乐页面

【知识基础】

Web 中内嵌背景音乐,在目前一些 Blog 中经常用到。使浏览者可以轻松、愉快地浏览网页而又给网页增色不少。在本节中将结合实例,学习如何在页面中添加背景音乐。

1. <bgsound> 标签

Internet Explorer 自带了一个内置音频解码器,支持特殊的标签＜bgsound＞,该标签可以把声音文件集成到文档中,在后台作为背景音乐播放。

＜bgsound＞标签只能用在 Internet Explorer 中,其他浏览器会忽略该标签。当第一次打开音频文件时,这个标签会下载并播放音频文件。

（1）基本语法

```
<bgsound src="url">
```

例如：

```
<bgsound src="sea.mp3">
```

（2）属性设置

因为 bgsound 嵌入的音频文件在网页中没有控件显示,所以在使用 bgsound 时,它的各个属性就必须加以设置。

① src 属性是必需的,用于指定音频文件的位置。

② 循环播放的语法和说明。

语法格式：

```
loop=正整数或 infinite
```

说明：该属性规定音乐文件的循环次数。属性值为正整数值时,音乐文件的循环次数与正整数值相同；

属性值为 infinite 时,音乐文件反复播放,循环不止。

例如：

```
<bgsound src="sea.mp3" loop="2">
```

```
<bgsound src="sea.mp3" loop="infinite">
```

2. <embed> 标签

<embed>标签可以用来插入各种多媒体,格式可以是 Midi、Wav、AIFF、AU、MP3 等。甚至 Netscape 及新版的 IE 都支持。

(1) 基本语法

```
<embed src="url">
```

例如:

```
<embed src="sea.mp3">
```

(2) 属性设置

<embed>标签包含很多属性,这些属性能够实现自动播放、循环播放、面板显示、音量大小等功能。

① 自动播放

语法格式:

```
autostart=true 或 false
```

说明:该属性规定音频或视频文件是否在下载完之后就自动播放。
true:音频或视频文件在下载完之后自动播放;
false:音频或视频文件在下载完之后不自动播放。
例如:

```
<embed src="sea.mp3" autostart="true">
<embed src="sea.mp3" autostart="false">
```

② 循环播放

语法格式:

```
loop=正整数、true 或 false
```

说明:该属性规定音频或视频文件是否循环及循环次数。
属性值为正整数值时:音频或视频文件的循环次数与正整数值相同。
属性值为 true 时:音频或视频文件循环。
属性值为 false 时:音频或视频文件不循环。
示例:

```
<embed src="sea.mp3 " autostart="true" loop="2">
<embed src="sea.mp3" autostart="true" loop="true">
<embed src="sea.mp3" autostart="true" loop="false">
```

③ 面板显示

语法格式:

```
hidden=true 或 no
```

说明:该属性规定控制面板是否显示,默认值为 no。
true:隐藏面板。
no:显示面板。
例如:

```
<embed src="sea.mp3" hidden="true">      //隐藏面板
<embed src="sea.mp3" hidden="no">        //显示面板
```

④ 开始时间
语法格式:

starttime=mm:ss(分:秒)

说明:该属性规定音频或视频文件开始播放的时间。未定义则从文件开头播放。
例如:

```
<embed src="sea.mp3" starttime="00:10">     //从第 10s 开始播放
```

⑤ 音量大小
语法格式:

volume=0-100 之间的整数

说明:该属性规定音频或视频文件的音量大小。未定义则使用系统本身的设定。
例如:

```
<embed src="sea.mp3" volume="10">
```

⑥ 容器属性
语法格式:

height=# width=#

说明:取值为正整数或百分数,单位为 px。该属性规定控制面板的高度和宽度。
height:控制面板的高度。
width:控制面板的宽度。
例如:

```
<embed src="sea.mp3" height="200" width="200">
```

⑦ 容器单位
语法格式:

units=pixels 或 en

说明:该属性指定高和宽的单位为 pixels 或 en。
例如:

```
<embed src="sea.mp3" units="pixels" height="200" width="200">
<embed src="sea.mp3" units="en" height="200" width="200">
```

⑧ 外观设置

语法格式：

```
controls=console、smallconsole、playbutton、pausebutton、stopbutton 或 volumelever
```

说明：该属性规定控制面板的外观，默认值是 console。

console：一般正常面板。

smallconsole：较小的面板。

playbutton：只显示播放按钮。

pausebutton：只显示暂停按钮。

stopbutton：只显示停止按钮。

volumelever：只显示音量调节按钮。

例如：

```
<embed src="sea.mp3" controls="smallconsole">   //显示较小的面板
<embed src="sea.mp3" controls="volumelever">    //只显示音量调节按钮
```

⑨ 对象名称

语法格式：

```
name=#
```

说明：♯为对象的名称。该属性用于给对象取名，以便其他对象利用。

例如：

```
<embed src="sea.mp3" name="sound1">
```

⑩ 说明文字

语法格式：

```
title=#
```

说明：♯为说明的文字。该属性规定音频或视频文件的说明文字。

例如：

```
<embed src="sea.mp3" title="第一首歌">
```

⑪ 前景色和背景色

语法格式：

```
palette=color|color
```

说明：该属性表示嵌入的音频或视频文件的前景色和背景色，第一个值为前景色，第二个值为背景色，中间用"|"隔开。color 可以是 RGB 颜色（RRGGBB），也可以是颜色名，还可以是 transparent（透明）。

例如：

```
<embed src="sea.mp3" palette="red|black">
```

⑫ 对齐方式

语法格式：

align=top、bottom、center、baseline、left、right、texttop、middle、absmiddle、absbottom

说明：该属性规定控制面板和当前行中的对象的对齐方式。
center：控制面板居中。
left：控制面板居左。
right：控制面板居右。
top：控制面板的顶部与当前行中的最高对象的顶部对齐。
bottom：控制面板的底部与当前行中的对象的基线对齐。
baseline：控制面板的底部与文本的基线对齐。
texttop：控制面板的顶部与当前行中的最高的文字顶部对齐。
middle：控制面板的中间与当前行的基线对齐。
absmiddle：控制面板的中间与当前文本或对象的中间对齐。
absbottom：控制面板的底部与文字的底部对齐。

例如：

\<embed src="sea.mp3" align="top"\>　　　　//控制面板顶部与当前行中最高对象顶部对齐
\<embed src="sea.mp3" align="center"\>　　//控制面板居中

3. 创建背景音乐注意事项

（1）尽量使用网上常用音频格式

为了更好地在网页中播放背景音乐，要尽量使用浏览器所支持的音频文件格式。如：.mid、.mp3、.wav、.rm、.ra、.ram、.asf 等，其中最常用的格式有.wav、.mp3 等。

（2）指定音频文件的位置

如果音频文件过多而需要将音频文件存储在网页文件的子文件夹下。例如，将音频文件保存在 sounds 文件夹中，则指定路径为：sounds/sea.mp3。如果音频文件与网页文件在同一个文件夹下则直接指定音频文件位置为：sea.mp3。

（3）播放器软件的链接

在浏览者的计算机上可能没播放网页中音频文件的播放器，所以要在网页中提供支持音频文件播放器软件的链接。如用户计算机不支持 RM 音频格式，可以在网页上创建一个 www.real.com 的链接。这样方便用户下载安装。

（4）提供声音链接描述

当创建一个声音链接时，需要提供一个相关的声音描述。如音频长度、音频大致内容等信息，以便浏览者决定是否进行链接。

【任务实施】

案例 1　用\<bgsound\>标签给网页添加背景音乐，要求循环播放音频文件。

任务 1　在 HTML 文档中添加\<bgsound\>标签内容。

步骤 1　鼠标定位在 HTML 文档的\<body\>\</body\>标签之间。

步骤 2　添加<bgsound>标签内容如下：

<p>正在播放音乐：</p>
<bgsound src="images/sea.mp3" loop="true">

步骤 3　添加页面的标题，标签内容如下：

<title>背景音乐 1</title>

任务 2　在浏览器中测试效果。
案例 2　用<embed>标签给网页添加背景音乐，要求手动、循环播放音频文件。
任务 1　在 HTML 文档中添加<embed>标签内容。
步骤 1　鼠标定位在 HTML 文档的<body></body>标签之间。
步骤 2　添加<embed>标签内容如下：

<embed src="images/sea.mp3" hidden="no" units="pixels" autostart="false">
<div id="con">

"embed"标签可以用来插入各种多媒体，格式可以是 Midi、Wav、AIFF、AU、MP3，等等，甚至 Netscape 及新版的 IE 都支持。

</div>

步骤 3　添加页面的标题，标签内容如下：

<title>背景音乐 2</title>

步骤 4　在设计窗口中显示内容，如图 2-26 所示。

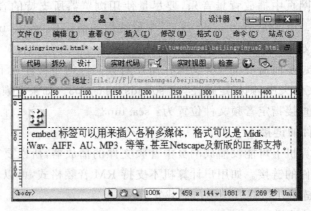

图 2-26　添加 CSS 样式表前音频混排效果

任务 2　为上述 DIV 结构创建 CSS 样式。
步骤 1　确定添加 CSS 的位置。
步骤 2　在 HTML 文档的<head>标签对之间相应的位置输入定义的 CSS 样式代码，具体操作方法如下：

```
#con {
    height: 150px;
```

```
    width: 300px;
    margin-top: 20px;
    margin-bottom: 0px;
    margin-left: 20px;
    padding-top:15px;
    color:#900;
    font-weight:bold;
    font-size:20px;
    text-indent: 2em;
    background-image: url(images/wybj.jpg);
    background-repeat: no-repeat;}
embed {
    margin-left: 20px;}
```

任务 3 在浏览器中测试效果,如图 2-27 所示。

图 2-27 添加 CSS 样式表后音频混排效果

2.2.3 制作视频混排页面

【知识基础】

在网页中适当嵌入视频能够充分显示网页的多媒体特性,特别是随着宽带网的普及,使得网络广播和网络视频成为现实。网页视频的重要性也日益凸显。在本节中将结合实例学习如何在页面中添加视频文件。

1. 使用<embed> 标签创建视频

通过<embed>标签可以创建网页内部视频,所谓内部视频就是视频文件可以直接在网页中播放。

基本语法:

```
<embed src="url">
```

说明：通常情况下，在浏览器中内嵌的播放器不能太大，需要通过 width 和 height 属性来指定播放器在网页中的宽度和高度。

此外，还可以通过 autostart 属性和 loop 属性设置视频播放的方式。当 autostart 属性取值为 true 时，当浏览者访问网页时，网页内嵌播放器将自动播放视频文件。反之，如果 autostart 属性取 false 时，需要手动播放视频文件；当 loop 属性取 true 时，视频文件会循环播放。关于＜embed＞标签的其他属性请参阅 2.2.2 小节中有关 embed 的讲解。

2. 使用<img> 标签创建视频

＜img＞标签的 dynsrc 属性可以用来插入各种多媒体，格式可以是.wav、.avi、.aiff、.au、.mp3、.ra、.ram 等。

（1）基本语法

```
<img dynsrc="url">
```

说明：url 为视频文件及其路径，可以是相对路径或绝对路径。

例如：

```
<img dynsrc="youxi.avi">
```

（2）属性设置

① 预设图片

语法格式：

```
src=url
```

说明：url 为图片文件及其路径，可以是相对路径或绝对路径。该属性的作用是当视频文件下载时，用图片占据视频文件的显示位置；视频文件下载完成，图片被屏蔽，显示视频文件。若指定 dynsrc 为一个音频文件之后，src 属性就被屏蔽，图片就不可见了。

例如：

```
<img dynsrc="youxi.avi" src="jiqimao.jpg">
```

② 播放事件

语法格式：

```
start=fileopen、mouseover
```

说明：该属性规定了文件播放的事件，缺省值是 fileopen。两者也可同时设置。另外，用鼠标点击播放区域，也可令浏览器播放该文件。

fileopen：文件打开时。

mouseover：鼠标移到播放区域上时。

例如：

```
<img dynsrc="youxi.avi" start="fileopen">
<img dynsrc="youxi.avi" start="mouseover">
<img dynsrc="youxi.avi" start="fileopen,mouseover">
```

③ 容器属性

语法格式：

```
height=# width=#
```

说明：取值为正整数或百分数。该属性规定控制面板的高度和宽度。

height：控制面板的高度。

width：控制面板的宽度。

例如：

```
<img dynsrc="youxi.avi" height="200" width="200">
```

④ 说明文字

语法格式：

```
alt=#
```

说明：#为说明文字。

alt 的值是对动画文件的非显示说明。

例如：

```
<img dynsrc="youxi.avi" alt="youxi.avi(200KB)">
```

⑤ 控制显示

语法格式：

```
controls
```

说明：用来在视频窗口下附加 MS-Windows 的播放控制条。

例如：

```
<img dynsrc="youxi.avi" controls>
```

⑥ 循环播放

语法格式：

```
loop=正整数或 infinite
```

说明：该属性规定视频文件的循环次数，属性值为－1 或 infinite 时，视频文件反复播放，循环不止。

属性值为正整数值时：视频文件的循环次数与正整数值相同。

属性值为 infinite 时：视频文件反复播放，循环不止。

例如：

```
<img dynsrc="youxi.avi" loop="2">
<img dynsrc="youxi.avi" loop="infinite">
```

⑦ 延时播放

语法格式：

```
loopdelay=#
```

说明：#为毫秒数。该属性规定视频文件的延时播放时间。
例如：

```
<img dynsrc="youxi.avi" loopdelay="200">
```

⑧ 补白属性
语法格式：

```
hspace=#vspace=#
```

说明：取值为正整数，单位为像素。两个属性应同时应用。
hspace：画面离页面左边的距离。
vspace：画面离页面顶部的距离。
例如：

```
<img dynsrc="youxi.avi" hspace="10" vspace="10">
```

【任务实施】

案例 用<embed>标签制作视频混排页面。
任务1 在HTML文档中添加<embed>标签内容。
步骤1 鼠标定位在HTML文档的<body></body>标签之间。
步骤2 添加<div>标签内容如下：

```
<div id="shipin">
    <div id="gcw">金灿灿广场舞【小可乐】编舞 青儿_在线观看</div>
    <embed src="jincancangcw.avi" ></embed>
</div>
```

步骤3 在设计窗口中显示内容，如图2-28所示。

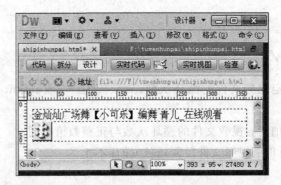

图2-28 添加CSS样式表前的视频混排页面效果

任务2 为上述DIV结构创建CSS样式。
步骤1 确定添加CSS的位置。
步骤2 在HTML文档的<head>标签对之间相应的位置输入定义的CSS样式代码，

具体操作方法如下：

```
#gcw {
    height: 25px;
    width: 350px;
    background-color:#FFC;
    color:#900;
    font-size:15px;
    font-weight:bold;
    padding-top:8px;
    text-align:center;}
#shipin {
    height: 353px;
    width: 350px;
    border: 1px solid #900;}
embed {
    width: 350px;
    height:320px;}
```

任务 3　在浏览器中测试效果。如果视频只有声音没有画面，可以下载视频解码器。之后就可以观看视频内容。

2.2.4　制作动画混排页面

【知识基础】

　　Flash 是 Macromedia 公司推出的优秀的网页动画制作软件。它是一种交互式动画设计工具，用它可以将音乐、声效、动画及富有新意的界面融合在一起，可以制作出效果非常好的网上动画或网页动态效果，以增加网页的动感，使浏览者不会感到单调乏味。

　　Flash 动画是一种矢量动量，具有体积小、图像质量高的特点，非常适合在网页中使用。要在浏览器中播放 Flash 动画，浏览器中就必须具有相应的插件与控件。目前的浏览器中都集成了相应的插件或控件。在本节中将结合实例学习如何在页面中制作滚动的文本或图片。

1. 插入 Flash

　　在网页文档中插入 Flash 电影时，Dreamweaver 将所有被使用的代码显示在"对象"标记和"嵌套"标记中。插入 Flash 电影后可以直接预览效果。

2. 设置 Flash 属性

　　"名称"属性：指定要加载的 SWF 文件的名称。
　　"宽"和"高"属性：修改 Flash 对象的宽度和高度，单位为像素。
　　"文件"参数：指定要加载的 SWF 文件的来源，确定指向该 Flash 文件的路径。
　　"背景颜色"属性：设置 Flash 对象的背景颜色。
　　"类"属性：选择应用于 Flash 的 CSS 样式。
　　"编辑"按钮：如果指定了外部编辑器，单击可以启动外部编辑器。如果计算机上没有安装 Macromedia Flash,此按钮将被禁用。

"自动播放"属性:(可选)指定是否在浏览器中加载时就开始播放。

"循环"属性:选中该项表示影片将连续播放;否则,播放一次后立即停止播放。

"垂直边距"和"水平边距"属性:指定选中的 Flash 相对于"文档窗口"或选中的 Flash 相对于另一个 Flash 之间的上、下、左、右空白的像素值。

"品质"属性:设置播放 Flash 对象的播放质量。包括低品质、高品质、自动低品质和自动高品质。

低品质:注重速度而非外观。

高品质:注重外观而非速度。

自动低品质:在保证速度的前提下,如果可能则改善外观。

自动高品质:意味着首先看重品质,但根据需要可能会因为速度而影响外观。

"比例"属性:设置 Flash 对象的缩放方式。

"对齐"属性:设置 Flash 对象的对齐方式。

"wmode"属性:可以利用 Internet Explorer 中的透明 Flash 内容、绝对定位和分层显示的功能。此标识标记仅在带有 Flash Player ActiveX 控件的 Windows 中有用。

"播放"按钮:预览 Flash 电影时控制播放和停止。

"参数"按钮:打开"参数"对话框,可以在其中输入附加参数。

【任务实施】

案例 按样文样式,在图 2-29 所示页面中插入 Flash 文件。

任务 1 在 HTML 文档中添加 <div> 标签内容。

步骤 1 鼠标定位在 HTML 文档的 <body></body> 标签之间。

步骤 2 添加 <div> 标签内容如下:

```
<div id="fla">
    <p>相片</p>
</div>
```

步骤 3 为页面添加 Flash 动画,具体操作如下所示。

光标定位在 </div> 之前,单击"插入栏"中"媒体"选项下的"SWF"选项,进入"SWF 选项"对话框,查找要插入的动画文件后单击"确定"按钮,并保存在站点根文件夹下的相应文件夹。

图 2-29 样文页面效果

在"设计"视图下,会出现所插入的 Flash 动画缩略图。同时,"代码"视图下产生如下所示的一段代码。

```
<object id="FlashID" classid="clsid:D27CDB6E-AE6D-11cf-96B8-444553540000"
width="210" height="130">
    <param name="movie" value="../images/1.swf" />
```

```
        <param name="quality" value="high" />
        <param name="wmode" value="opaque" />
        <param name="swfversion" value="9.0.45.0" />
        <!--此 param 标签提示使用 Flash Player 6.0 r65 和更高版本的用户下载最新版本的
        Flash Player。如果您不想让用户看到该提示,请将其删除。-->
        <param name="expressinstall" value="Scripts/expressInstall.swf" />
        <!--下一个对象标签用于非 IE 浏览器。所以使用 IECC 将其从 IE 隐藏。-->
        <!--[if !IE]>-->
        <object type="application/x-shockwave-flash" data="images/1.swf"
        width="210" height="130">
            <!--<![endif]-->
            <param name="quality" value="high" />
            <param name="wmode" value="opaque" />
            <param name="swfversion" value="9.0.45.0" />
            <param name="expressinstall" value="Scripts/expressInstall.swf" />
            <!--浏览器将以下替代内容显示给使用 Flash Player 6.0 和更低版本的用户。-->
            <div>
            <p><a href="http://www.adobe.com/go/getflashplayer"><img src=
            "http://www.adobe.com/images/shared/download_buttons/get_flash_
            player.gif" alt="获取 Adobe Flash Player" width="112" height="33" />
            </a></p>
            </div>
            <!--[if !IE]>-->
        </object>
        <!--<![endif]-->
</object>
```

步骤 4　添加页面的标题,标签内容如下:

`<title>Flash 动画混排</title>`

步骤 5　在设计窗口中显示内容,如图 2-30 所示。

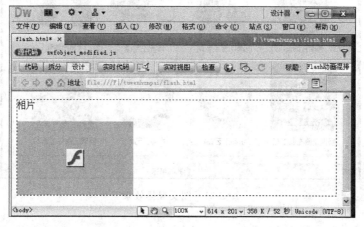

图 2-30　添加 CSS 样式表前的 Flash 文件播放页面效果

任务 2 为上述 DIV 结构创建 CSS 样式。

步骤 1 确定添加 CSS 的位置。

步骤 2 在 HTML 文档的<head>标签对之间相应的位置输入定义的 CSS 样式代码，具体操作方法如下：

```
#fla #FlashID {
    border: 2px solid #999;}
#fla p {
    font-size: 15px;
    font-weight: bold;
    color: #900;}
#fla {
    height: 200px;
    width: 240px;
    border: 1px solid #999;
    text-align: center;}
```

任务 3 在浏览器中测试效果。

2.3 任务拓展

利用前面学过的图文混排知识，设计制作如图 2-31 所示的图文混排效果。

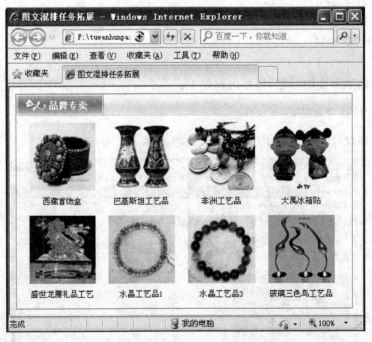

图 2-31 图文混排效果

2.4 本章小结

本章主要介绍了编辑网页文本、图片和媒体等的基本标签,以及怎样编排文本页面、制作滚动的文本和图片页面、图文混排页面、视频混排页面和动画混排页面等效果。本章内容是学习制作网页的重点内容,完美的网页离不开图像和媒体对象,结合本章提供的相关实例,还需要进一步加以练习。

习 题

一、填空题

(1) 设置背景音乐除了使用 bgsound 标记外,还可以使用的标记是_____。
(2) HTML 代码<OL></OL>表示创建一个_____列表。
(3) 在插入图片标记中,对插入的图片进行文字说明使用的属性是_____。
(4) 在 HTML 中,_____标记用来说明一些与 HTML 文档有关的信息,例如文档的作者、关键内容、所用语言等。

二、选择题

(1) 下列元素不可以被加载到网页中的是( )。
　　A. 文本　　　　　B. jpg 图片　　　C. gif 图片　　　D. 3DMAX 文件
(2) 在互联网上最为常用的图片格式是( )。
　　A. JPEG 和 PSD　　　　　　　　B. PNP 和 BMP
　　C. AVI 和 FLASH　　　　　　　D. GIF 和 JPEG
(3) 下列标记中,字体最小的是( )。
　　A. <H1>　　　　B. <H3>　　　　C. <H5>　　　　D. <H6>
(4) 不能使文字换行的标记是( )。
　　A. <PRE>　　　B.
　　　　C. <P>　　　　　D. <div>
(5) <img src="name" align="left">意思是( )。
　　A. 图像向左对齐　　　　　　　B. 图像向右对齐
　　C. 图像与底部对齐　　　　　　D. 图像与顶部对齐
(6) 若要在浏览器的标题栏显示文字,应该使用的标记是( )。
　　A. <TITLE>　　B. <BODY>　　　C. <A>　　　　　D. <HEAD>

三、判断题

(1) 若某网页背景颜色设置为♯FFFFF,则背景的颜色为黑色。( )
(2) GIF 动画的文件大小相对较大,若用 Flash 导入后转换为矢量动画就可缩小。( )
(3) 在追求速度为先的网页设计时,可以多用图像,在追求美观为先的网页设计时,可以多用文字。( )

链接与导航设计

超级链接可以将网页与其他内容连接在一起,使内容融入网站中,为网页与用户之间构建一个应用的平台。在网站中,超链接常用于页面间的跳转,帮助用户从一个页面跳转到另一个页面。网站导航是超级链接技术的具体应用,是网站重要的组成部分。

本章要点

- 关于超链接。
- 利用文字实现超级链接。
- 利用图片实现超级链接。
- 关于其他链接。

3.1 关于超链接

超链接是网页的重要组成部分。正是由于有了超链接,才组成了庞大的互联网,人们才能感受到网上冲浪的乐趣。

3.1.1 理解超链接

在网页中,超链接通常以文本或图像的形式出现。用鼠标指针指向网页中的超链接时,鼠标指针会变成手指状;单击超链接时,浏览器就会按照超链接指示的目标载入另一个网页,或者跳转到同一网页或其他网页中的其他位置。

超链接是由源端点(热点)到目标端点的一种跳转。源端点可以是一段文本或一幅图像等。目标端点可以是任意类型的网络资源,例如可以是一个网页、一幅图片、一首歌曲、一个动画或一段程序。

按照目标端点的不同,可以将超链接分为文件链接、锚点链接(书签)、E-mail 链接。

文件链接:这种链接的目标端点是网页中的一个文件,它可以位于当前网页所在的服务器,也可以位于其他的服务器。

锚点链接:类似于书签的功能,这种链接的目标端点是网页中的一个位置,通过这种链接可以从当前网页跳转到本页面或其他页面指定位置(锚点)。

E-mail 链接:通过这种链接可以启动电子邮件客户端程序(如 Outlook 或 FoxMail 等),并允许访问者向指定的地址发送邮件。

3.1.2 理解路径

路径是指从站点根文件夹或当前文件夹起到目标文件夹所经过的路线,可以使用路径来指定超链接中目标端点的位置。

绝对路径:给出目标文件的完整 URL 地址,如果要链接的目标文件位于其他的服务器上,则必须使用绝对路径。如:协议://域名/文件夹/目标文件。

相对路径:以当前文档为起点到目标文件所经过的路径,一般用在当前文档与目标文件处在同一站点下。源文件与目标文件处在同一文件夹内,直接链接目标文件即可;若要与同一文件中的其他文件夹下的文件做链接,则应提供文件名称,如:文件夹/目标文件;若要与源文件所在文件夹同级文件夹中的文件链接,则应提供文件返回上级符号和文件夹名称,如:../文件夹名/目标文件。

3.1.3 创建文件链接

在 XHTML 中,使用<a>标记来创建超链接,基本语法格式如下:

<a href="地址" name="字符串" target="打开窗口方式">源端点</a>

上述语法格式包含<a>标记的以下属性如表 3-1 所示。

表 3-1 <a>标记属性说明

属性	属性值	描述
href	url	为超文本引用,它的值为一个 url,是目标端点的有效地址
name	文本字符串	指定当前文档内的一个字符串作为链接时可以使用有效的目标端点地址
title	文本字符串	设置指定指向超链接时所显示的提示信息
target	_blank	在新窗口打开目标文件。这种方式很常见,它可以在打开目标文档后,原来的文档窗口依然存在
target	_self	在当前窗口打开目标文件。这和省略 target 属性是一样的。
target	_parent	在父窗口打开目标文件。这种方式用于框架型网页,它可以使目标文档跳出框架,在框架的上一层窗口打开
target	_top	在顶层窗口打开目标文件。用于框架型网页。通常情况下,父窗口就是顶层窗口,但如果框架内还嵌有框架,_parent 和_top 就不同了,用_top 可以使目标文档跳出所有框架,在浏览器窗口打开
target	窗口名	在指定窗口打开目标文件。可用于框架型网页或用 open 打开的窗口。在框架型网页中,各个框架窗口一般都用 name 属性指定了名称,如果想让目标文档在指定框架打开,可以使用这种方式

<a>标记的 target 属性指定了目标文档的打开位置,如果没有指定此属性,默认在当前窗口打开。

3.2 利用文字实现超级链接

为文字添加超链接是最常用的一种添加超级链接的方法,相对于图片、动画而言,文字是最基本也是含信息量最大的网页元素,文字超链接会更加方便浏览者查阅信息。添加了超链接后的文字有其特殊的样式,以和其他文字区分,默认链接样式为蓝色文字,有下划线。

3.2.1 制作面包屑导航

【知识基础】

面包屑(Breadcrumb,也称为面包屑路径),典故来源于《格林童话》中的"奇幻森林历险记",故事的两个小主人公汉赛尔与格莱特在森林里留下一路面包屑,以便能顺着这条路径找到回家的路。在网站页面的应用中,面包屑的隐喻就是为用户提供一种追踪返回最初访问页面的路径。这可以告诉你在网站的当前位置。这是二级导航的一种形式,辅助网站的主导航系统。

面包屑导航(见图 3-1),对于多级别具有层次结构的网站特别有用。用于展示用户访问网站的路线,由一大串的元素和节点组成。每个节点都与指向先前访问过的页面或父级(上一级)主题相连,节点间以符号分隔,通常是大于号(>)、冒号(:)、竖线(|)。它们可以帮助访问者了解到当前自己在网站中所处的位置。如果访客希望返回到某一级,它们只需要点击相应的面包屑导航项。

图 3-1 面包屑导航示例

一般格式是水平文字链接列表,通常在两项中间伴随着左箭头以指示层及关系,级别从左至右,逐级降低,从不用于主导航。

面包屑不适于级别浅导航网站。当网站没有清晰的层次和分类的时候,使用它也可能产生混乱。面包屑导航最适用于具有清晰章节和多层次分类内容的网站。没有明显的章节,使用面包屑是得不偿失。

【任务实施】

案例 制作面包屑导航。

任务 1 插入 DIV 标签。

步骤 1 新建网页文件,插入 div 标签,并命名为 nav。

```
<div id="nav">此处显示 id "nav" 的内容</div>
```

步骤 2 添加 nav 样式。

主要对宽、高、字号、行高等样式进行设置。

```css
#nav {
    height: 25px;
    width: 700px;
    font-size: 13px;
    line-height: 25px;
    color: #333;
    padding-left: 50px;
}
```

任务 2 添加链接项。

步骤 1 添加导航文本，并添加空链接。

```html
<div id="nav">
    当前位置：<a href="#">首页</a>-&gt;<a href="#">国内景点</a>-&gt;长白山
</div>
```

页面浏览如图 3-2 所示。

步骤 2 添加链接样式。

```css
a:link {
    text-decoration: none;
    color: #F00;
}
a:visited {
    text-decoration: none;
    color: #F00;
}
a:hover {
    color: #00F;
    text-decoration: underline;
}
```

任务 3 测试浏览如图 3-3 所示。

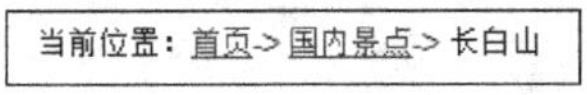

当前位置：<u>首页</u>-> <u>国内景点</u>-> 长白山

当前位置：<u>首页</u>-> <u>国内景点</u>-> 长白山

图 3-2 编辑链接文本 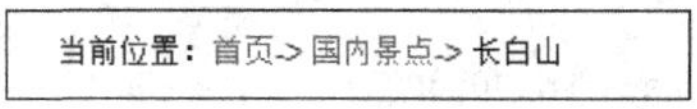　　　　　　　　图 3-3 面包屑导航

3.2.2 制作水平栏导航

【知识基础】

水平栏导航(见图3-4)是当前最流行网站导航菜单设计模式。常用于网站的主导航菜单，且最通常地放在网站所有页面的直接上方或直接下方。水平栏导航设计模式有时伴随着下拉菜单，当鼠标移到某个项上时弹出其下面的二级子导航项。

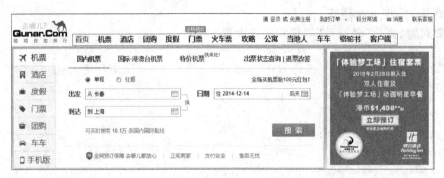

图 3-4 水平栏导航

1. 水平栏导航特征

导航项是文字链接，按钮形状，或者选项卡形状。水平栏导航通常直接放在邻近网站 Logo 的地方它通常位于折叠之上，水平栏导航结构如图 3-5 所示。

Item1	Item2	Item3	Item4	Item5

图 3-5 水平栏导航结构特征

2. 水平栏导航的缺点

顶部水平栏导航最大的缺点就是它限制了你在不采用子级导航的情况下可以包含的链接数。对于只有几个页面或类别的网站来说，这不是什么问题，但是对于有非常复杂的信息结构且有很多模块组成的网站来说，如果没有子导航的话，这并不是一个完美的主导航菜单选择。

【任务实施】

案例 制作文字水平栏导航。

任务 1 插入 DIV 标签。

步骤 1 新建网页文件，插入 div 标签，并命名为 nav。

```
<div id="nav">此处显示 id "nav" 的内容</div>
```

步骤 2 设置通配符（*）样式，清除所有标签的边距和补白。

```
* {
    margin: 0px;
    padding: 0px;
}
```

步骤 3 添加 nav 样式。

主要对背景、宽、高、边框、字号、行高等样式进行设置。

```
#nav {
    background-color: #CF6;
    width: 900px;
    height:35px;
```

```
    border: 1px solid #333;
    font-size: 15px;
    line-height: 35px;
    font-weight: bold;
    margin-left: auto;
    margin-right: auto;
}
```

页面浏览如图 3-6 所示。

图 3-6 nav 导航条

任务 2　编辑链接项。

步骤 1　编辑导航文本,并添加空链接。

```
<div id="nav">
    <ul>
        <li><a href="#">首页</a></li>
        <li><a href="#">国内景点</a></li>
        <li><a href="#">热门景点</a></li>
        <li><a href="#">服务信息</a></li>
        <li><a href="#">联系我们</a></li>
    </ul>
</div>
```

页面浏览如图 3-7 所示。

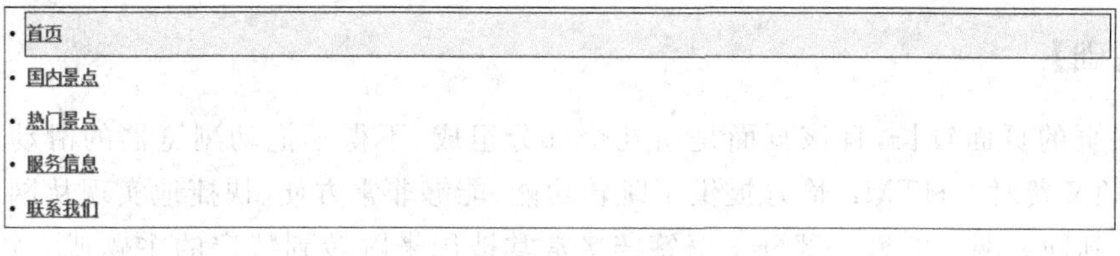

图 3-7 垂直对齐的导航文本

步骤 2　添加列表样式,使列表项由垂直对齐变为水平对齐,并设置列表项高度、宽度等。

```
#nav ul {
    list-style-type: none;
}
#nav ul li {
    text-align: center;
    float: left;
    height: 35px;
    width: 110px;
}
```

页面浏览如图 3-8 所示。

图 3-8　水平对齐的导航文本

步骤 3　设置链接样式。

```
#nav ul li a {
    display: inline-block;
    width:100%;
}
a:link {
    text-decoration: none;
    color: #000;
}
a:hover {
    color: #FFF;
    background-color: #06C;
}
```

页面浏览如图 3-9 所示。

图 3-9　文字水平栏导航

3.2.3　制作书签导航

【知识基础】

当网页的页面较长，且该页面是由几个部分组成，不得不拖动浏览器的滑动条查看信息，既麻烦又费时。HTML 恰好提供了跳转功能，能够非常方便、快捷地实现从网页当前的部分跳转到同一网页的另一部分。书签链接常常被用来跳转到特定的主题或文档的顶部，使访问者能够快速浏览到选定的位置，加快信息检索速度。

1. 同一页面间的书签超链接

实现在同一网页中建立超链接，首先要通过 name 属性给要链接的目的区域建立书签。
语法格式：

<a name="书签名称">链接内容</a>

创建完书签后，开始创建书签超链接。
语法格式：

<a href="#书签名称" target="窗口名称">链接标题</a>

其中，"#"表示"书签名称"指向当前文档内命名为"书签名称"的目的区域。

2. 不同页面间的书签超链接

书签超链接还可以在不同页面间进行。当单击书签超链接标题时，页面会根据链接中的 href 属性所指定的地址，将网页跳转到目标地址中书签名称所表示的内容。

创建书签的方法与在同一页面中创建书签相同。

语法格式：

<a name="书签名称">链接内容</a>

创建书签超链接时要指明所链接文件的 URL 地址。

语法格式：

<a href="URL #书签名称" target="窗口名称">链接标题</a>

【任务实施】

案例 制作目录导航页面。

任务 1 在 HTML 文档中添加 DIV 结构。

步骤 1 添加 div 标签，并命名为 text。

步骤 2 编辑 div 标签内容。

```
<div id="text">
  <h2>百度服务内容</h2>
  <h3><a name="#top">目录</a></h3>
  <p><a href="#s1">1.服务条款的确认和接纳</a></p>
  <p><a href="#s2">2.服务条款的修改</a></p>
  <p><a href="#s3">3.用户的账号、密码和安全性</a></p>
  <p><a href="#s4">4.服务风险制度</a></p>
  <p><a href="#s5">5.用户管理</a></p>
  <p><a href="#s6">6.用户必须遵守的法律和政策</a></p>
  <p>百度网络服务的具体内容由百度根据实际情况提供。除非本服务协议另有其他明示规定，
  ……</p>
  ……
  <p>只需要接受以下服务条款,就可以使用百度消息服务</p>
  <h3><a name="#s1">1.服务条款的确认和接纳</a></h3>
  <p>百度消息服务所有权及经营权为百度网讯科技有限公司(以下简称"百度公司")所有。……
  </p>
  <a href="#top">返回目录</a></p>
  <p><a name="#s2">2.服务条款的修改</a></h3>
  <p>百度公司有权在必要时修改本服务条款,服务条款一旦发生变动,将会在相关页面上公布修
  改后的服务条款。……</p>
  <p><a href="#top">返回目录</a></p>
  <p><a name="#s3">3.用户的账号、密码和安全性</a></h3>
  <p>用户的账号、密码为用户在百度贴吧首页或者知道首页注册的账号、密码,用户应妥善保管。
  ……</p>
  <p><a href="#top">返回目录</a></p>
```

```
            <p><a name="#s4">4.服务风险制度</a></h3>
            <p>使用百度消息服务的用户个人自行承担全部风险。……</p>
            <p><a href="#top">返回目录</a></p>
            <h3><a name="#s5">5.用户管理</a></h3>
            <p>用户单独承担发布内容的责任。百度不对任何有关信息内容的真实性、适用性、合法性承担责任。……</p>
            ……
            <p><a href="#top">返回目录</a></p>
            <h3><a name="#s6">6.用户必须遵守的法律和政策</a></h3>
            <p>用户使用百度消息服务必须遵守国家有关法律和政策等,维护国家利益,保护国家安全,……</p>
            <p><a href="#top">返回目录</a></p>
            ……
</div>
```

在编辑状态下,显示内容如图 3-10 所示。

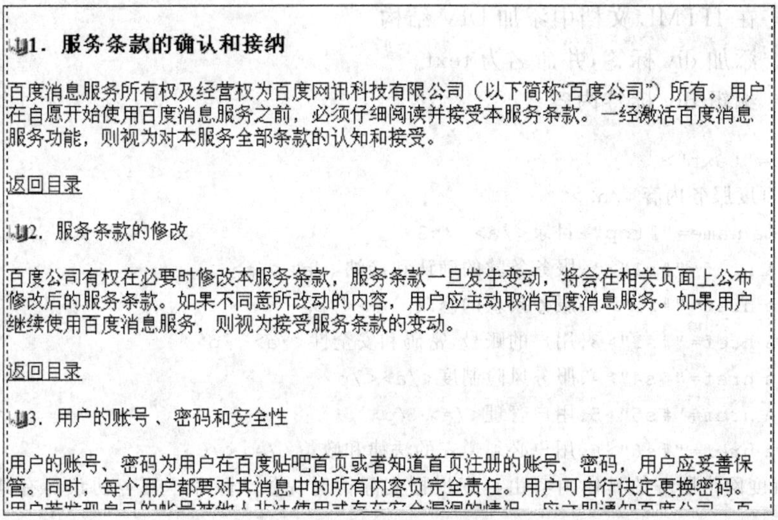

图 3-10 编辑状态下的页面效果

任务 2 添加 CSS 样式。

```
#text {
    font-size: 14px;
    line-height: 28px;
    width: 700px;
    margin-top: 10px;
    margin-right: auto;
    margin-bottom: 10px;
    margin-left: auto;
    text-indent: 2em;
    border: 1px solid #903;
    padding: 10px;
```

```
}
#text h2 {
    text-align: center;
}
```

任务 3　浏览测试。

步骤 1　浏览页面，如图 3-11 所示。

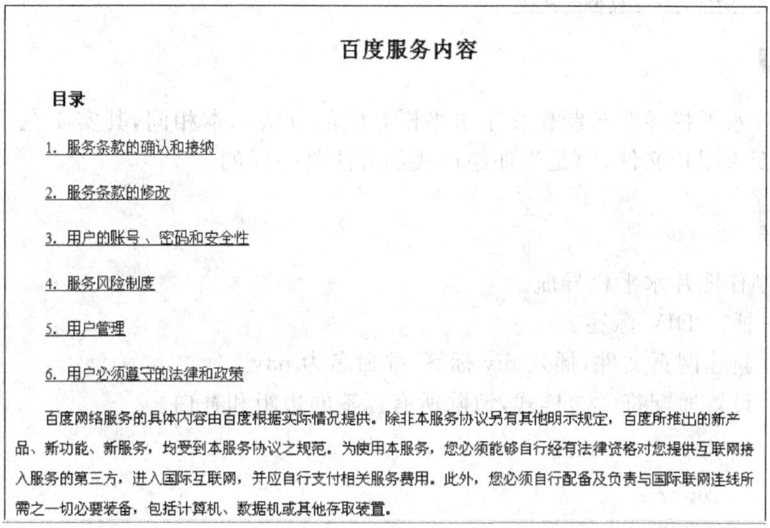

百度服务内容

目录

1. 服务条款的确认和接纳

2. 服务条款的修改

3. 用户的账号、密码和安全性

4. 服务风险制度

5. 用户管理

6. 用户必须遵守的法律和政策

百度网络服务的具体内容由百度根据实际情况提供。除非本服务协议另有其他明示规定，百度所推出的新产品、新功能、新服务，均受到本服务协议之规范。为使用本服务，您必须能够自行经有法律资格对您提供互联网接入服务的第三方，进入国际互联网，并应自行支付相关服务费用。此外，您必须自行配备及负责与国际联网连线所需之一切必要装备，包括计算机、数据机或其他存取装置。

图 3-11　目录导航页面

步骤 2　单击“1. 服务条款的确认和接纳”导航项，窗口切换到导航项内容页面，如图 3-12 所示。

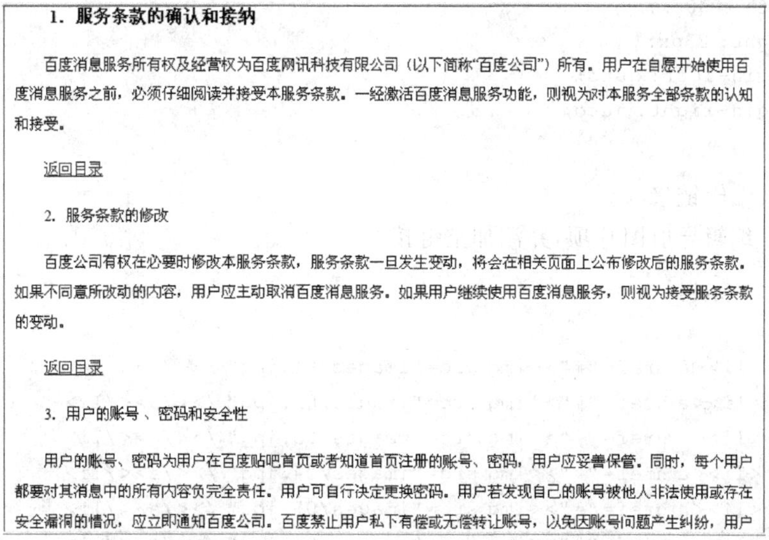

1. 服务条款的确认和接纳

百度消息服务所有权及经营权为百度网讯科技有限公司（以下简称“百度公司”）所有。用户在自愿开始使用百度消息服务之前，必须仔细阅读并接受本服务条款。一经激活百度消息服务功能，则视为对本服务全部条款的认知和接受。

返回目录

2. 服务条款的修改

百度公司有权在必要时修改本服务条款，服务条款一旦发生变动，将会在相关页面上公布修改后的服务条款。如果不同意所改动的内容，用户应主动取消百度消息服务。如果用户继续使用百度消息服务，则视为接受服务条款的变动。

返回目录

3. 用户的账号、密码和安全性

用户的账号、密码为用户在百度贴吧首页或者知道首页注册的账号、密码，用户应妥善保管。同时，每个用户都要对其消息中的所有内容负完全责任。用户可自行决定更换密码。用户若发现自己的账号被他人非法使用或存在安全漏洞的情况，应立即通知百度公司。百度禁止用户私下有偿或无偿转让账号，以免因账号问题产生纠纷，用户

图 3-12　导航项内容页面

步骤 3　单击“返回目录”链接，则返回到如图 3-11 所示的目录导航页面。

3.3 利用图片实现超级链接

在网页中不仅可以利用文字实现链接的效果,也可以为图像添加超链接,这样就可以满足在网页中使用了许多图片的网页的设计需要。

3.3.1 制作图片水平栏导航

【知识基础】

制作图片水平栏导航与制作文字水平栏导航的方法基本相同,其实质在于添加链接的对象由文字变为图片文件,但是添加超链接的方法是一样的。

【任务实施】

案例 制作图片水平栏导航。

任务1 插入 DIV 标签。

步骤1 新建网页文件,插入 div 标签,并命名为 nav。

步骤2 设置通配符(*)样式,清除所有标签的边距和补白。

```css
* {
    margin: 0px;
    padding: 0px;
}
```

步骤3 添加 nav 样式。

```css
#nav {
    width: 900px;
    height: 33px;
    margin-left: auto;
    margin-right: auto;
}
```

任务2 编辑链接项。

步骤1 编辑导航图片项,并添加空链接。

```html
<div id="nav">
    <ul>
        <li><a href="#"><img src="images/01.jpg" /></a></li>
        <li><a href="#"><img src="images/02.jpg" /></a></li>
        <li><a href="#"><img src="images/03.jpg" /></a></li>
        <li><a href="#"><img src="images/04.jpg" /></a></li>
        <li><a href="#"><img src="images/05.jpg" /></a></li>
        <li><a href="#"><img src="images/06.jpg" /></a></li>
        <li><a href="#"><img src="images/07.jpg" /></a></li>
    </ul>
</div>
```

步骤2　添加列表样式，使列表项由垂直对齐变为水平对齐，并设置列表项高度、宽度等。

```
#nav ul {
    list-style-type: none;
}
#nav ul li {
    text-align: center;
    float: left;
    height: 35px;
    width: 105px;
}
img {
    border: 0;
}
```

页面浏览如图3-13所示。

图3-13　图片水平栏导航

3.3.2　制作图像局部导航

【知识基础】

如果要添加超链接的图片较大，可以通过设置图像的热区来分别添加超级链接。图像热区，就是把一张图像划分成若干个区域，并将这些区域设置成热点，再对每一个热点进行超级链接设置，当浏览者单击每一个热点时，网页将跳转到指定的链接页面上。

现在大部分网页中都将一些导航信息直接设计到了图像文件中，经过裁切后，直接在网页中使用，那么，要为图像上的那些导航文字设置链接就必须进行热区的定义。

1. 创建图像热区

选中要划分热区的图像后，就可以在"属性"面板左下方看到一些用于创建热区的按钮。

矩形热点工具：在图像上拖动鼠标指针可以建立一个矩形选区。

椭圆形热点工具：在图像上拖动鼠标指针可以建立一个椭圆形选区。

多边形热点工具：通过连续单击确定顶点的方法来定义一个不规则形状的热区。

指针热点工具：用于选择和调整图像热点，按"shift"键单击可以选择多个热点。

2. 编辑和调整热区

编辑：单击要编辑的热区，按住鼠标左键拖动即可将其进行移动。

调整：单击"指针热点"工具，将鼠标指针移动到要调整形状的热区顶点处，变为黑色箭头时，按住鼠标左键拖动，可以改变热区的形状，显示蓝色框线，达到所需形状时，松开鼠标左键，完热区形状的调整。

3. 为热区添加链接

鼠标单击准备添加链接的图像热区，在"属性"面板中，在"链接"栏中输入链接文件的

URL,"替换"栏中输入替代文本,设置"目标"框中选择链接的网页打开窗口。

【任务实施】

案例 制作图像局部导航。

任务1 插入 DIV 标签。

步骤1 新建网页文件,插入 div 标签,并命名为 nav。

步骤2 添加 nav 样式。

```
#nav {
    width: 700px;
    margin-right: auto;
    margin-left: auto;
    text-align: center;
}
```

任务2 编辑链接项。

插入导航图片,创建图像热区,为热区添加空链接。

```
<div id="nav">
<img src="images/map.jpg" usemap="#Map" border="0" />
    <map name="Map" id="Map">
        <area shape="rect" coords="29,15,158,59" href="#" alt="我要留言" />
        <area shape="rect" coords="165,14,296,59" href="#" alt="查看留言" />
        <area shape="rect" coords="303,15,433,59" href="#" alt="留言管理" />
    </map>
</div>
```

页面编辑如图 3-14 所示。

图 3-14 编辑图像热区

任务3 浏览测试

浏览页面,如图 3-15 所示。

图 3-15 图像局部导航

3.4 关于其他链接

在网页中我们不仅可以利用文字、图像实现超链接,还有如邮件链接、下载文件链接、FTP 链接等链接方式,多种链接方式就可以满足在网页设计中的需要。

3.4.1 下载文件的链接

【知识基础】

文件下载对每个用户来说并不陌生。当用户单击下载链接后,浏览器会自动判断文件的类型,由用户选择下载文件所要保存的路径即可下载该文件。

【任务实施】

案例 制作下载文件的链接。

任务 1 插入 DIV 标签。

步骤 1 新建网页文件,插入 div 标签,并命名为 nav。

步骤 2 添加 nav 样式。

```css
#nav {
    width: 500px;
    padding: 10px;
    border: 1px solid #06C;
    font-size: 14px;
    color: #999;
}
```

任务 2 编辑 div 内容。

步骤 1 编辑页面文字内容,添加文件下载链接。

```html
<div id="nav">
    <h2>歌曲:<span class="tp">小苹果</span>-筷子兄弟 </h2>
    <h3>3.3M / 128kbps / mp3</h3>
    <a href="mp3/apple.mp3">下 载</a>
</div>
```

步骤 2 添加歌曲名样式。

```css
.tp {
    font-size: 35px;
    font-weight: bold;
    color: #06C;
}
```

步骤 3 添加下载链接样式。

```css
#nav a {
    font-size: 15px;
    line-height: 30px;
    font-weight: bold;
    background-color: #06C;
    display: block;
    height: 30px;
```

```
        width: 100px;
        text-align: center;
        border-radius:5px;
}
a:link {
        color: #FFF;
        text-decoration: none;
}
a:hover {
        color: #333;
}
```

任务 3 浏览测试。

浏览页面,如图 3-16 所示。

图 3-16 下载文件的链接

3.4.2 电子邮件链接

【知识基础】

网页中电子邮件地址的链接,可以使网页浏览者将有关信息以电子邮件的形式发送给电子邮件的接收者。通常情况下,接收者的电子邮件地址位于网页页面的底部,并且与地址标签(<address>)配合使用。

创建电子邮件格式:

```
<a href="mailto:hanhanyu@ qq.com">联系我们</a>
```

【任务实施】

案例 制作电子邮件链接。
任务 1 插入 DIV 标签。
步骤 1 新建网页文件,插入 div 标签,并命名为 nav。
步骤 2 添加 nav 样式。

```
#nav {
        width: 500px;
        padding: 10px;
        border: 1px solid #F60;
        font-size: 14px;
}
```

任务 2 编辑 div 内容。

步骤 1 编辑页面文字内容,添加邮件链接。

```
<div id="nav">
    <h3>温馨提示:<h3>
    <p>为进一步拓宽院长与分院各科室及广大师生员工的沟通渠道,加快信息反馈,提高工作效率,及时了解、采纳广大师生员工对分院发展建设提出的意见和建议,解决师生员工学习、工作、生活中存在的问题和困难,提高工作效率,特开通院长信箱服务。</p>
    <a href="mailto:66666@ qq.com">院长信箱</a>
    <a href="mailto:55555@ qq.com">书记信箱</a>
</div>
```

步骤 2 设置段落 p 标签样式。

```
#nav p {
    font-size: 13px;
    color: #999;
    text-indent: 2em;
    line-height: 20px;
}
```

步骤 3 添加下载链接样式。

```
#nav a {
    font-size: 15px;
    line-height: 30px;
    font-weight: bold;
    background-color: #F60;
    display: inline-block;
    height: 30px;
    text-align: center;
    width: 120px;
    margin-right: 20px;
}
a:link {
    color: #FFF;
    text-decoration: none;
}
a:hover {
    color: #333;
}
```

任务 3 浏览测试。

浏览页面,如图 3-17 所示。在该页面中,单击"院长信箱"或"书记信箱",则会自动进入邮件编辑窗口(在用户计算机中必须安装邮件客户端),在该窗口中自动添加了收件人的邮箱地址。

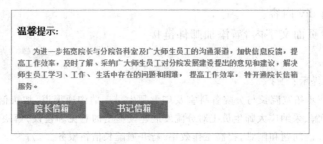

图 3-17　邮件链接

3.5　任务拓展

任务 1　制作网站左侧垂直导航,如图 3-18 所示。

任务描述:垂直导航通常置于网站的左边或者右边的一列链接。垂直导航较水平导航更灵活,易于向下扩展,且允许的标签长度较长。垂直导航项被排列在一个单列,根据从左到右习惯性研究,左边的垂直导航栏比右边的垂直导航表现要好。

任务要求:不借助图像素材,只用列表、超链接、CSS 等技术完成导航制作。

图 3-18　网站左侧垂直导航

任务 2　制作网站分页导航,如图 3-19 所示。

图 3-19　网站分页导航

任务描述:分页导航经常出现在搜索页中,一次可展现的结果数目通常有限制,超出限制的结果将在新页面展现。最简单的分页导航就是带页码的分布导航。

任务要求:不借助图像素材,只用列表、超链接、CSS 等技术完成导航制作。

3.6　本章小结

本章通过几个具体的案例介绍了超链接在网页设计中的重要作用,尤其是在网站导航、邮件链接、文件链接上的应用。通过案例操作,了解链接路径,掌握文字链接、图像链接、文件下载链接和邮件链接等相关知识和技术,具备创建网站链接和设计导航的能力。

习　　题

一、选择题

(1)以下创建电子邮件链接的方法,哪个是正确的?(　　)

　　A.　<a href="xxx@126.com">联系我们</a>

　　B.　<mail href="xxx@126.com">联系我们</mail>

C. <a href="email:xxx@126.com">联系我们</a>

D. <a href="mailto:xxx@126.com">联系我们</a>

(2) 下列的 HTML 语句中,哪个是正确的链接语句?(　　)

A. <a url="http://www.sina.com.cn">sina.com.cn</a>

B. <a href="http://www.sina.com.cn">sina.com.cn</a>

C. <a> http://www.sina.com.cn </a>

D. <a name="http://www.sina.com.cn">sina.com.cn</a>

(3) 下列哪一个选项是在新窗口中打开网页?(　　)

A. _new　　　　B. _up　　　　C. _blank　　　　D. _self

(4) 创建一个位于文档内部位置的链接的代码是(　　)。

A. <a href="#name"></a>　　　B. <a name="name"></a>

C. <a href="mailto:23@qq.com"></a>　D. <a href="URL"></a>

(5) 下列哪个标签用于完成超级链接?(　　)

A. <link>…</link>　　　　　B. <a>…</a>

C. <href>…</href>　　　　　D. <ol>…</ol>

(6) 当链接指向下列(　　)文件时,不打开该文件,而是提供该文件的下载。

A. HTML　　　B. ZIP　　　C. ASP.NET　　　D. FTP

二、判断题

(1) HTML 代码<a name="name"></a>表示创建一个指向位于文档外部的链接点。(　　)

(2) 书签链接必须在同一页面内进行链接。(　　)

(3) http://www.sina.com.cn/index.html 是相对路径。(　　)

(4) <a>标签的 target 属性的值为_self 时,表示在上一级窗口中打开浏览器。(　　)

三、设计题

(1) 制作如图 3-20 所示的校园网站水平栏导航。

图 3-20　校园网站水平栏导航

(2) 制作如图 3-21 所示的校园网右侧快捷垂直导航。

图 3-21　校园网右侧快捷垂直导航

网页栏目设计

网页栏目是构成网页主体内容的重要组成部分。通过合理的网页分栏,能够清晰、明确地表达网站重点要展示的功能、主旨,使网页结构排列有序,方便浏览者更清楚地知道网站所要传达的重点信息,并且能快速找到所需内容,网页栏目规划的水准,直接影响着网站的成败。

本章要点

- 掌握网页栏目的相关知识。
- 掌握简易式栏目设计、典型式栏目设计、TAB 式栏目设计、视频栏目设计、滚动式栏目设计。

4.1 关于网页栏目

【知识基础】

成功建立一个网站,最重要的是做好详细的规划,一般网站规划所花费的时间要占整个网站开发总时间的一半左右。如果在规划不清晰的情况下就开始网站的开发,由于网站结构不清晰,目录庞杂,内容重点不明确,较轻的情况会出现页面组织的乱七八糟,浏览的人看得糊涂;严重的情况会导致整个网站开发过程停止,重新对整个网站进行再次规划,相当于重新开发一个网站,损失惨重。

4.1.1 网站栏目的含义

网站的栏目实质上就是整个网站的索引或目录,就像字典中的字母表,起到了对网站所有内容有序排列的作用,可以让浏览者快速找到所需的内容。合理的网站栏目结构有利于通过主页到达任何各级栏目页面;有利于通过任何一个网页可以返回上一级栏目页面并逐级返回主页;有利于明确主栏目及全站统一。

4.1.2 网站栏目的策划

相对于网站页面及功能规划,网站栏目规划的重要性常被忽略。其实,网站栏目规划对于网站的成败有着非常直接的关系,网站栏目兼具以下两个功能,二者不可或缺。

1. 提纲挈领,点题明义

网速越来越快,网络的信息越来越丰富,要让浏览者停下匆匆的脚步,就要清晰地给出网站内容的"提纲",也就是网站的栏目。

网站栏目的规划,其实也是对网站内容的高度提炼。不管网站的内容有多精彩,如果缺乏准确的栏目提炼,就难以引起浏览者的关注。因此,网站的栏目规划首先要做到"提纲挈领、点题明义",用最简练的语言提炼出网站中每一个部分的内容,清晰地告诉浏览者网站在说什么,有哪些信息和功能。

2. 指引迷途,清晰导航

网站的内容越多,浏览者也越容易迷失。除了"提纲"的作用之外,网站栏目还应该为浏览者提供清晰直观的指引,帮助浏览者方便地到达网站的所有页面。

网站栏目的导航作用,通常包括以下四种情况。

(1) 全局导航

全局导航可以帮助用户随时跳转到网站的任何一个栏目,并可以轻松跳转到另一个栏目。通常来说,全局导航的位置是固定的,以减少浏览者查找的时间。

(2) 路径导航

路径导航显示了用户浏览页面的所属栏目及路径,帮助用户访问该页面的上下级栏目,从而更完整地了解网站信息。

(3) 快捷导航

对于网站的老用户而言,需要快捷地到达所需栏目,快捷导航为这些用户提供直观的栏目链接,减少用户的点击次数和时间,提升浏览效率。

(4) 相关导航

为了增加用户的停留时间,网站策划者需要充分考虑浏览者的需求,为页面设置相关导航,让浏览者可以方便地跳转到所关注的相关页面,从而增进对企业的了解,提升合作概率。

成功的栏目规划,是基于对用户需求的理解。对用户的需求理解得越准确、越深入,网站的栏目也就越具吸引力,能够留住越多的潜在客户。

4.2 常用栏目设计

栏目的设计制作一般要从三个方面入手:一是内容,要紧扣主题;二是位置,因为左上角是浏览者视野的焦点,要放置最重要的栏目,页面所有栏目排列要从上而下,从左到右,分清主次;三是形状,栏目的形状要与网站整体风格相一致,做到和谐统一。

4.2.1 制作简易式栏目

【知识基础】

简单栏目一般由栏目标题、栏目内容组成,栏目标题与内容在背景色与区域界限有较明显区别。

【任务实施】

案例 1 制作如图 4-1 所示样式的简易栏目 1。

任务 1 在 HTML 文档中添加 DIV 结构。

步骤 1 鼠标定位在 HTML 文档的<body></body>标签之间。

步骤 2 添加 div 标签内容如下所示。

```
<div id="jjjc">
    <div id="bt">
经济监测
        <div id="gd">更多>> </div>
    </div>
    <ul>
        <li><a href="#">2010年前三季度光伏发电……</a></li>
        <li><a href="#">2010年10月成品油运行简况……</a></li>
        <li><a href="#">2010年10月天然气运行简况……</a></li>
        <li><a href="#">2010年10月份70个大中城市住宅……</a></li>
        <li><a href="#">国家石油储备一期工程建成投用……</a></li>
        <li><a href="#">10月我省CPI同比上涨1.2%环比……</a></li>
        <li><a href="#">2010年10月全国电力安全生产情况……</a></li>
    </ul>
</div>
```

图 4-1 简易栏目 1

步骤 3 在设计窗口中显示内容如图 4-2 所示。

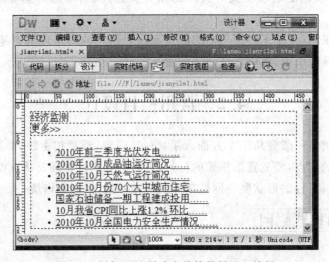

图 4-2 添加 CSS 样式表前简易栏目 1 效果

任务 2 为 DIV 结构创建 CSS 样式。

步骤1 确定添加 CSS 的位置。

步骤2 在 HTML 文档的<head>标签对之间相应的位置输入定义的 CSS 样式代码，具体操作方法如下所示。

```
<style type="text/css">
#jjjc {
    height: 210px;
    width: 330px;
    border: 1px solid #1E67F0;
    font-size: 13px;
    line-height: 22px;}
#jjjc ul {
    margin-left:-8px;
    margin-top: 5px;}
#jjjc ul li a {
    color: #000;
    text-decoration: none;}
#jjjc #bt {
    background-image: url(images/fgw_index_04.jpg);
    background-repeat: no-repeat;
    height: 29px;
    width: 330px;
    color: #FFF;
    text-indent: 1em;
    padding-top: 3px;
    font-size: 14px;
    font-weight: bold;}
#jjjc #bt #gd {
    font-size: 12px;
    color: #000;
    text-align: right;
    margin-top: -23px;
    font-weight: bold;}
</style>
```

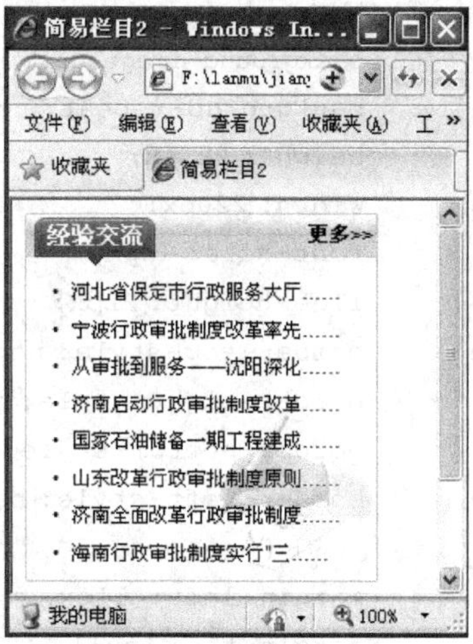

步骤3 测试在浏览器中显示效果。

案例2 制作如图 4-3 所示样式的简易栏目 2。

任务1 在 HTML 文档中添加 DIV 结构。

步骤1 鼠标定位在 HTML 文档的<body></body>标签之间。

步骤2 添加 div 标签内容如下所示。

图 4-3 简易栏目 2

```
<div id="jyjl">
  <div id="bt">
  经验交流
    <div id="gd">更多>>  </div>
```

```
</div>
<ul>
<li><a href="#">河北省保定市行政服务大厅……</a></li>
<li><a href="#">宁波行政审批制度改革率先……</a></li>
<li><a href="#">从审批到服务——沈阳深化……</a></li>
<li><a href="#">济南启动行政审批制度改革……</a></li>
<li><a href="#">国家石油储备一期工程建成……</a></li>
<li><a href="#">山东改革行政审批制度原则……</a></li>
<li><a href="#">济南全面改革行政审批制度……</a></li>
<li><a href="#">海南行政审批制度实行"三……</a></li>
</ul>
</div>
```

步骤3 在设计窗口中显示内容如图4-4所示。

任务2 为DIV结构创建CSS样式。

步骤1 确定添加CSS的位置。

步骤2 在HTML文档的<head>标签对之间相应的位置输入定义的CSS样式代码,具体操作方法如下所示。

```
<style type="text/css">
#jyjl {
    background-image:url(images/jyjl.jpg);
    background-repeat: no-repeat;
    height: 223px;
    width: 220px;
    font-size: 12px;
    line-height: 22px;
    border-top-style: none;
    border-right-style: none;
    border-bottom-style: none;
    border-left-style: none;}
#jyjl ul {
    margin-left:-11px;
    margin-top: 5px;}
#jyjl ul li a {
    color: #000;
    text-decoration: none;}
#jyjl #bt {
    height:29px;
    color: #FFF;
    text-indent: 1em;
    padding-top: 3px;
    font-size: 14px;
```

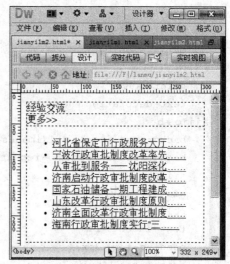

图4-4 添加CSS样式表前简易栏目2效果

```
        font-weight: bold;}
#jyjl #bt #gd {
        font-size: 12px;
        color: #000;
        text-align: right;
        margin-top: -23px;
        font-weight: bold;}
</style>
```

任务 3　测试在浏览器中显示效果。

4.2.2　制作典型式栏目

【知识基础】

典型栏目与简易栏目一样，一般也是由栏目标题、栏目内容组成，这里列举两个常见的栏目案例。

【任务实施】

案例 1　制作如图 4-5 所示样式的典型栏目 1。

图 4-5　典型栏目 1

任务 1　在 HTML 文档中添加 DIV 结构。
步骤 1　鼠标定位在 HTML 文档的<body></body>标签之间。
步骤 2　添加 div 标签内容如下所示。

```
<div id="con">
  <div id="bt"></div>
  <div id="text">
    <div id="tupian"><img src="../images/index_14.gif" width="212" height=
    "193" /></div>
```

```
    <ul>
        <li><a href="#">学校举办联谊学校夏令营活动      
                      
                   [2009-07-20]
        </a></li><img src="../images/index_19.gif" width="340" height="7" />
        <li><a href="#">我校将承办"振兴老工业基地"广     
                        
              [2009-06-15] </a></li>
        <img src="../images/index_19.gif" width="340" height="7" />
        <li><a href="#">我校学生将参加市微机技能大赛    
                        
                [2009-06-10]</a>
        </li>
        <img src="../images/index_19.gif" width="340" height="7" />
        <li><a href="#">省教委领导专程来我校参观考察     
                        
                [2009-05-12]</a>
        </li>
        <img src="../images/index_19.gif" width="340" height="7" />
        <li><a href="#">教务科召开办公室主任工作座谈     
                        
                [2009-04-07]</a>
        </li>
        <img src="../images/index_19.gif" width="340" height="7" />
        <li></li>
    </ul>
   </div>
 </div>
```

步骤3 在设计窗口中显示内容如图 4-6 所示。

任务2 为 DIV 结构创建 CSS 样式。

步骤1 确定添加 CSS 的位置。

步骤2 在 HTML 文档的 <head> 标签对之间相应的位置输入定义的 CSS 样式代码，具体操作方法如下所示。

```
<style type="text/css">
#con #bt {
    background-image: url(../images/index_12.gif);
    background-repeat: no-repeat;
    height: 25px;
    width: 555px;}
#con #text #tupian {
    float: left;
    height: 172px;
    width: 212px;}
```

第4章 网页栏目设计

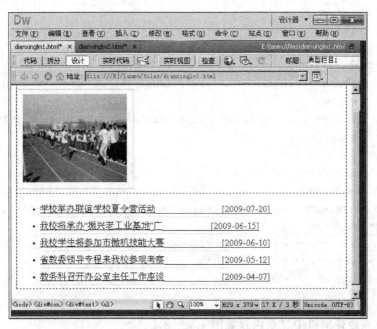

图 4-6　添加 CSS 样式表前典型栏目 1 效果

```
#con {
    height: 200px;
    width: 555px;}
#con #text ul {
    font-size: 13px;
    list-style-type: none;
    margin-left:25px;}
#con #text ul li a {
    color: #000;
    text-decoration: none; }
</style>
```

任务 3　测试在浏览器中显示效果。

案例 2　制作如图 4-7 所示样式的典型栏目 2。

任务 1　在 HTML 文档中添加 DIV 结构。

步骤 1　鼠标定位在 HTML 文档的 <body></body> 标签之间。

步骤 2　添加 div 标签内容如下所示。

图 4-7　典型栏目 2

```
<div id="con">
   <div id="bt"><img src="../images/index_68.gif" width="211" height="25" /></div>
   <div class="text">
     <div id="mlu1"><img src="../images/index_71.gif" width="74" height="93" /></div>
     <div class="img"><img src="../images/index_73.gif" width="124" height=
```

```
           "91" /></div>
      </div>
      <div class="clear"></div>
      <div class="text">
           <div id="mlu2"><img src="../images/index_94.gif" width="74" height=
           "96" /></div>
           <div class="img"><img src="../images/index_93.gif" width="122" height=
           "98" /></div>
      </div>
      <div class="clear"></div>
      <div class="text">
           <div id="mlu3"><img src="../images/index_113.gif" width="74" height=
           "102" /></div>
           <div class="img"><img src="../images/index_117.gif" width="121" height=
           "101" /></div>
      </div>
</div>
```

步骤 3   在设计窗口中显示内容如图 4-8 所示。

任务 2   为 DIV 结构创建 CSS 样式。

步骤 1   确定添加 CSS 的位置。

步骤 2   在 HTML 文档的＜head＞标签对之间相应的位置输入定义的 CSS 样式代码,具体操作方法如下所示。

```css
<style type="text/css">
#con {
    width: 212px;
    border: 1px solid #999;}
#con .clear {
    clear: none;}
#con .text #mlu1 {
    float: left;}
.img {
    float: right;}
#con .text {
    height: 101px;
    width: 212px;}
#con .text #mlu2 {
    float: left;}
#con .text #mlu3 {
    float: left;}
</style>
```

图 4-8   添加 CSS 样式表前典型栏目 2 效果

任务 3   测试在浏览器中显示效果。

4.3 TAB 式栏目设计

【知识基础】

TAB 式栏目是目前网站建设中最常见的一种交互方式，其显示效果是可以将不同的内容重叠放置在某一区域块内，同时用户可通过鼠标点击或移动等操作方法对该区域进行触发，每次只显示重叠内容区中的一层内容，它充分体现了当前关于 Web 界面的设计趋势，即缩短页面屏长，降低信息的显示密度，又要保证可视信息的大容量。

【任务实施】

案例 制作如图 4-9 所示样式的 TAB 式栏目。

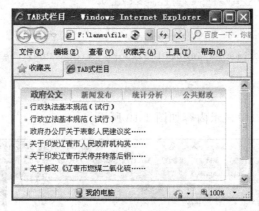

图 4-9 TAB 式栏目

任务 1 在 HTML 文档中添加 DIV 结构。
步骤 1 鼠标定位在 HTML 文档的<body></body>标签之间。
步骤 2 添加 div 标签内容如下所示。

```
<div id="xxk">
  <div>
  <div id="zfgw"><a href="zfgw.html" target="zf" onclick="MM_nbGroup('down',
'group1','image0142','../images/image01_1_42.jpg',1)" onmouseover ="MM_
nbGroup('over','image0142','','','Image1','','',1)" onmouseout="MM_nbGroup
('out')"><img src="../images/image01_1_42.jpg" name="image0142" width="85"
height="25" border="0" id="image0142" onload="MM_nbGroup('init','group1',
'image0142','../images/image01_42.jpg',1)" /></a></div>
  <div id="xwfb"><a href="xwfb.html" target="zf" onclick="MM_nbGroup('down',
'group1','image0145','images/image01_1_45.jpg',1)" onmouseover="MM_nbGroup
('over','image0145','','',1)" onmouseout="MM_nbGroup('out')"><img src="../
images/image01_45.jpg" name="image0145" width="85" height="25" border="0"
id="image0145" /></a></div>
  <div id="tjfx"><a href="tjfx.html" target="zf" onclick="MM_nbGroup('down',
```

```
'group1','image0146','images/image01_1_46.jpg',1)" onmouseover="MM_nbGroup
('over','image0146','','',1)" onmouseout="MM_nbGroup('out')"><img src="../
images/image01_46.jpg" name="image0146" width="85" height="25" border="0"
id="image0146" /></a></div>
<div id="ggcz"><a href="ggcz.html" target="zf" onclick="MM_nbGroup('down',
'group1','image0147','images/image01_1_47.jpg',1)" onmouseover="MM_nbGroup
('over','image0147','','',1)" onmouseout="MM_nbGroup('out')"><img src="../
images/image01_47.jpg" name="image0147" width="87" height="25" border="0"
id="image0147" /></a></div>
</div>
<div>
<div class="bianklr"><iframe src="zfgw.html" name="zf" width="340"
marginwidth="0" height="120" marginheight="0" align="left" scrolling="No"
frameborder="0" id="zf"></iframe></div>
</div>
<div>
<div><img src="../images/image01_621.jpg" width="342" height="13" /></div>
</div>
</div>
```

步骤3 在设计窗口中显示内容如图 4-10 所示。

图 4-10 添加 CSS 样式表前 TAB 式栏目效果

任务 2 为 DIV 结构创建 CSS 样式。

步骤 1 确定添加 CSS 的位置。

步骤 2 在 HTML 文档的<head>标签对之间相应的位置输入定义的 CSS 样式代码，具体操作方法如下所示。

```
<style type="text/css">
*{
padding:0px;
```

```
margin:0px;
border:0px;   }
#xxk {
    width: 342px;
    margin-left:10px;
    margin-top:10px;}
#xxk div #zfgw {
    float: left;}
.bianklr {
    border-right-width: 1px;
    border-left-width: 1px;
    border-top-style: none;
    border-right-style: solid;
    border-bottom-style: none;
    border-left-style: solid;
    border-right-color: #CFCFCF;
    border-left-color: #CFCFCF;
    height:145px;}
#xxk div #xwfb {
    float: left;}
#xxk div #tjfx {
    float: left;}
#xxk div #ggcz {
    float: left;}
</style>
```

任务 3 测试在浏览器中显示效果。

4.4 视频栏目设计

【知识基础】

视频效果具有信息丰富、传达便捷、易于理解的特点,对浏览者的文化水平要求不高,同时形象生动,具有较强的吸引力。因此视频和音频功能在网页中出现的频率呈上升的趋势。

视频在网页上常见格式:avi、rm 等。但实际上却存在着浏览兼容性问题,在实际网站开发中我们发现视音频格式转化为 swf 格式是一个好用的技巧。

由于网络宽带的限制,在使用多媒体的形式表现网页的内容时不得不考虑客户端的传输速度,因此在页面中不要置入过于庞大的文件,也不要加入过多的媒体文件而给浏览者造成观看页面时的麻烦。

【任务实施】

案例 制作如图 4-11 所示样式的视频栏目。

任务 1 在 HTML 文档中添加 DIV 结构。

图 4-11 视频栏目

步骤 1　鼠标定位在 HTML 文档的<body></body>标签之间。

步骤 2　添加 div 标签内容如下所示。

```
<div id="shp">
<div id="bt">
  <div id="phpshp">  PHP·视频</div>
  <div id="gd">更多 &gt;&gt;  </div>
</div>
<div id="php"><embed src="images/PHP100-5.wmv" width="340" height="280">
</embed></div>
</div>
```

步骤 3　在设计窗口中显示内容如图 4-12 所示。

任务 2　为 DIV 结构创建 CSS 样式。

步骤 1　确定添加 CSS 的位置。

步骤 2　在 HTML 文档的<head>标签对之间相应的位置输入定义的 CSS 样式代码，具体操作方法如下所示。

```
<style type="text/css">
#shp{
    height: 315px;
    width: 340px;
    border: 1px solid #FDBE48;}
#shp #bt #phpshp{
    float: left;
    width:280px;
    height:25px;
```

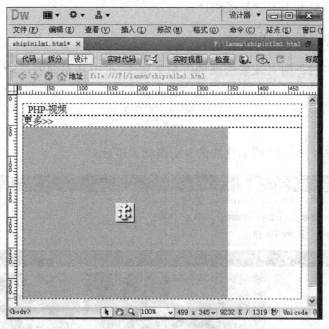

图 4-12　添加 CSS 样式表前视频栏目效果

```
    padding-top:10px;
    font-family:"宋体";
    font-weight:bold;
    font-size:14px;}
#shp #bt #gd {
    float: right;
    width: 60px;
    height:25px;
    padding-top:10px;
    font-family:"宋体";
    font-weight:bold;
    color:#900;
    font-size:12px;}
#shp #bt {
    width:340px;
    height:35px;
    background-image: url(images/shipinbeijing.jpg);
    background-repeat: no-repeat;}
</style>
```

任务 3　测试在浏览器中显示效果。

4.5　滚动式栏目设计

【知识基础】

滚动式栏目可以使网页变得活泼，富有动感。根据滚动方向的不同，滚动式栏目可以划分为左右滚动式栏目和上下滚动式栏目。

4.5.1 制作左右滚动式栏目

左右滚动式栏目即网页元素滚动的方向为水平,可以从左向右滚动,也可以从右向左滚动。

【任务实施】

案例 1 制作如图 4-13 所示样式的左右滚动式栏目。

图 4-13 左右滚动式栏目

任务 1 在 HTML 文档中添加 DIV 结构。

步骤 1 鼠标定位在 HTML 文档的<body></body>标签之间。

步骤 2 添加 div 标签内容如下所示。

```
<div id="con">
    <div id="bt">花卉欣赏</div>
    <div id="gd">
        <marquee width=630 height=120 scrollamount="2" scrolldelay="40" id="s" onmouseover="s.stop()" onmouseout="s.start()">
        <IMG height=100 src="../images/1.jpg" width=160><IMG height=100 src="../images/2.jpg" width=150><IMG height=100 src="../images/3.jpg" width=150><IMG height=100 src="../images/4.jpg" width=150>
        </marquee>
    </div>
</div>
```

步骤 3 在设计窗口中显示内容如图 4-14 所示。

任务 2 为 DIV 结构创建 CSS 样式。

步骤 1 确定添加 CSS 的位置。

步骤 2 在 HTML 文档的<head>标签对之间相应的位置输入定义的 CSS 样式代码,具体操作方法如下所示。

```
<style type="text/css">
```

第4章 网页栏目设计

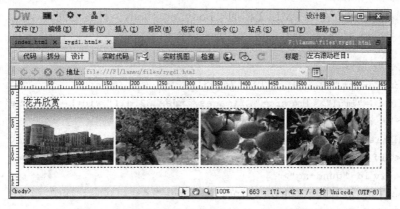

图 4-14　添加 CSS 样式表前左右滚动式栏目效果

```
#con {
    width:630px;
    height:147px;
    background-color:#FFC;
    border: 1px solid #900;}
#con #bt {
    font-size: 14px;
    font-weight: bold;
    color: #FFF;
    background-color: #900;
    height: 22px;
    padding-top:5px;
    padding-left:10px;}
#con #gd {
    padding-top:10px;}
</style>
```

任务 3　测试在浏览器中显示效果。

案例 2　制作左右连续滚动的图片栏目，如图 4-15 所示。

图 4-15　左右连续滚动的图片栏目

任务 1　在 HTML 文档中添加 DIV 结构。

步骤1 鼠标定位在 HTML 文档的 \<body>\</body> 标签之间。
步骤2 添加 div 标签和 JavaScript 脚本内容如下所示。

```html
<div id="con">
    <div id="bt">多彩的校园生活</div>
    <div id="img1"><img src="../images/index_39.gif" width="775" height="8" />
    </div>
    <div id="gg">
        <div id="left"></div>
        <div id="gundong">
        <script language="JavaScript1.2" type="text/javascript">
        var sliderwidth=770
        var sliderheight=128
        var slidespeed=1
        slidebgcolor=""
        var leftrightslide=new Array()
        var finalslide=''
        leftrightslide[1] = '<a href="homepage_show.asp?id=4195&type2_id=19" target="_blank"><img src="../images/hd1.jpg" alt="音乐社团" width="160" height="120" border="0" class="table-huikuang"></a>'
        leftrightslide[2] = '<a href="homepage_show.asp?id=3991&type2_id=19" target="_blank"><img src="../images/hd2.jpg" alt="好班长：丽慧" width="160" height="120" border="0" class="table-huikuang"></a>'
        leftrightslide[3] = '<a href="homepage_show.asp?id=3792&type2_id=19" target="_blank"><img src="../images/hd3.jpg" alt="表演图片：功夫" width="160" height="120" border="0" class="table-huikuang"></a>'
        leftrightslide[4] = '<a href="homepage_show.asp?id=2316&type2_id=19" target="_blank"><img src="../images/hd4.jpg" alt="拔河比赛" width="160" height="120" border="0" class="table-huikuang"></a>'
        leftrightslide[5] = '<a href="homepage_show.asp?id=2315&type2_id=19" target="_blank"><img src="../images/hd5.jpg" alt="教师风采" width="160" height="120" border="0" class="table-huikuang"></a>'
        leftrightslide[6] = '<a href="homepage_show.asp?id=2314&type2_id=19" target="_blank"><img src="../images/hd6.jpg" alt="学生宿舍" width="160" height="120" border="0" class="table-huikuang"></a>'
        leftrightslide[7] = '<a href="homepage_show.asp?id=2313&type2_id=19" target="_blank"><img src="../images/hd7.jpg" alt="设计大赛" width="160" height="120" border="0" class="table-huikuang"></a>'
        leftrightslide[8] = '<a href="homepage_show.asp?id=2312&type2_id=19" target="_blank"><img src="../images/hd8.jpg" alt="校园早晨" width="160" height="120" border="0" class="table-huikuang"></a>'
        leftrightslide[9] = '<a href="homepage_show.asp?id=2311&type2_id=19" target="_blank"><img src="../images/hd9.jpg" alt="参观长廊" width="160" height="120" border="0" class="table-huikuang"></a>'
        leftrightslide[10] = '<a href="homepage_show.asp?id=2310&type2_id=19"
```

```
target="_blank"><img src="../images/hd10.jpg" alt="学生演唱" width="160"
height="120" border="0" class="table-huikuang"></a>'
leftrightslide[11]='<a href="homepage_show.asp?id=2309&type2_id=19"
target="_blank"><img src="../images/hd11.jpg" alt="教师观摩" width="160"
height="120" border="0" class="table-huikuang"></a>'
leftrightslide[12]='<a href="homepage_show.asp?id=2307&type2_id=19"
target="_blank"><img src="../images/hd12.jpg" alt="校园黄昏" width="160"
height="120" border="0" class="table-huikuang"></a>'

leftrightslide[13]='<a href="homepage_show.asp?id=2306&type2_id=19"
target="_blank"><img src="../images/hd13.jpg" alt="汽车专业" width="160"
height="120" border="0" class="table-huikuang"></a>'
leftrightslide[14]='<a href="homepage_show.asp?id=2305&type2_id=19"
target="_blank"><img src="../images/hd14.jpg" alt="夕阳" width="160"
height="120" border="0" class="table-huikuang"></a>'
leftrightslide[15]='<a href="homepage_show.asp?id=2302&type2_id=19"
target="_blank"><img src="../images/hd15.jpg" alt="多媒体教学" width="160"
height="120" border="0" class="table-huikuang"></a>'
var copyspeed=slidespeed
leftrightslide='<nobr>'+leftrightslide.join("   ")+'</nobr>'
var iedom=document.all||document.getElementById
if(iedom)
document.write('<span id="temp" style="visibility:hidden;position:
absolute;top:-100;left:-3000">'+leftrightslide+'</span>')
var actualwidth=''
var cross_slide, ns_slide
function fillup(){
if(iedom){
cross_slide=document.getElementById? document.getElementById("test2"):
document.all.test2
cross_slide2=document.getElementById? document.getElementById("test3"):
document.all.test3
cross_slide.innerHTML=cross_slide2.innerHTML=leftrightslide
actualwidth = document.all? cross_slide.offsetWidth : document.
getElementById("temp").offsetWidth
cross_slide2.style.left=actualwidth+8}
else if(document.layers){
ns_slide=document.ns_slidemenu.document.ns_slidemenu2
ns_slide2=document.ns_slidemenu.document.ns_slidemenu3
ns_slide.document.write(leftrightslide)
ns_slide.document.close()
actualwidth=ns_slide.document.width
ns_slide2.left=actualwidth+8
ns_slide2.document.write(leftrightslide)
ns_slide2.document.close()}
```

```
lefttime=setInterval("slideleft()",30)}
window.onload=fillup
function slideleft(){
if(iedom){
if(parseInt(cross_slide.style.left)>(actualwidth*(-1)+8))
cross_slide.style.left=parseInt(cross_slide.style.left)-copyspeed
else
cross_slide.style.left=parseInt(cross_slide2.style.left)+actualwidth+8
if(parseInt(cross_slide2.style.left)>(actualwidth*(-1)+8))
cross_slide2.style.left=parseInt(cross_slide2.style.left)-copyspeed
else
cross_slide2.style.left=parseInt(cross_slide.style.left)+actualwidth+8}
else if(document.layers){
if(ns_slide.left>(actualwidth*(-1)+8))
ns_slide.left-=copyspeed
else
ns_slide.left=ns_slide2.left+actualwidth+8
if(ns_slide2.left>(actualwidth*(-1)+8))
ns_slide2.left-=copyspeed
else
ns_slide2.left=ns_slide.left+actualwidth+8}}
if(iedom||document.layers){
with(document){
document.write('<div>')
if(iedom){
write('<div style="position:relative;width:'+sliderwidth+';height:'+sliderheight+';overflow:hidden">')
write('<div style="position:absolute;width:'+sliderwidth+';height:'+sliderheight+';background-color:'+slidebgcolor+'" onMouseover="copyspeed=0" onMouseout="copyspeed=slidespeed">')
write('<div id="test2" style="position:absolute;left:0;top:0"></div>')
write('<div id="test3" style="position:absolute;left:-1000;top:0"></div>')
write('</div></div>')}
else if(document.layers){
write('<ilayer width='+sliderwidth+' height='+sliderheight+' name="ns_slidemenu" bgColor='+slidebgcolor+'>')
write('<layer name="ns_slidemenu2" left=0 top=0 onMouseover="copyspeed=0" onMouseout="copyspeed=slidespeed"></layer>')
write('<layer name="ns_slidemenu3" left=0 top=0 onMouseover="copyspeed=0" onMouseout="copyspeed=slidespeed"></layer>')
write('</ilayer>')}
document.write('</div>')}}
</script>
  </div>
  <div id="right"></div>
```

```
        </div>
        <div id="img2"><img src="../images/index_41.gif" width="775" height=
"8" /></div>
</div>
```

步骤 3　在设计窗口中显示内容如图 4-16 所示。

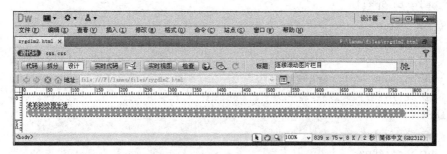

图 4-16　添加 CSS 样式表前左右连续滚动的图片栏目效果

任务 2　为 DIV 结构创建 CSS 样式。
步骤 1　确定添加 CSS 的位置。
步骤 2　在 HTML 文档的＜head＞标签对之间相应的位置输入定义的 CSS 样式代码，具体操作方法如下所示。

```
<style type="text/css">
* { margin: 0px;
    padding: 0px;
    border: 0px;}
a:link {
    color: #000000;
    text-decoration: none;}
a:visited {
    text-decoration: none;
    color: #000000;}
a:hover {
    text-decoration: none;
    color: #FF0000;}
a:active {
    text-decoration: none;
    color: #660066;}
#con {
    height: 161px;
    width: 776px;
    margin-left:5px;}
#con #gg {
    height: 140px;
    width: 776px;}
```

```css
.STYLE5 {color: #456FBA; font-weight: bold; }
#con #img1 {
    height: 8px;
    margin-top:5px;}
#con #img2 {
    height: 8px;}
#left {
    width: 1px;
    height:140px;
    background-color:#69B8DE;
    float:left;}
#right {
    width: 1px;
    height:140px;
    background-color:#69B8DE;
    float:right;}
#con div #gundong {
    float: left;
    height: 130px;
    width: 774px;
    padding-top:10px;}
#con #bt {
    background-image: url(../images/index_bt.jpg);
    height: 20px;
    width: 771px;
    font-size:15px;
    padding-top:5px;
    padding-left:5px;
    font-weight:bold;
    color:#900;}
</style>
```

任务3 测试在浏览器中显示效果。

4.5.2 制作上下滚动式栏目

上下滚动式栏目即网页元素滚动的方向为垂直,可以从上向下滚动,也可以从下向上滚动。

【任务实施】

案例 制作如图4-17所示样式的上下滚动式栏目。

任务1 在HTML文档中添加DIV结构。

步骤1 鼠标定位在HTML文档的<body></body>标签之间。

步骤2 添加div标签内容如下所示。

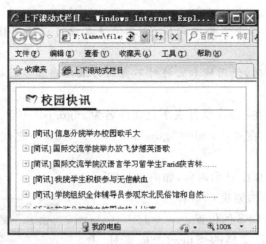

图 4-17　上下滚动式栏目

```
<div id="con">
    <div id="bt"> <img src="../images/xxbz1.png" width="20" height=
    "17" /> 校园快讯</div>
    <div id="gundong">

    </div>
</div>
```

任务 2　创建 JavaScript 脚本文件。

步骤 1　打开附件下的记事本。(或者在站点根文件夹中的 other 文件夹下新建扩展名为 .js 的脚本文件)

步骤 2　输入 JavaScript 脚本文件内容。

```
document.write("<marquee direction='up' scrollamount='1' scrolldelay='50'
id='u' width='350' height='150' onmouseover='u.stop()' onmouseout='u.start()'>
<a href='#'><img src='../images/jiantou.jpg' width='11' height='11' border='0'
/> [简讯]信息分院举办校园歌手大</a></br><a href='#'><img src='../images/
jiantou.jpg' width='11' height='11' border='0' />[简讯]国际交流学院举办放飞梦想
英语歌</a></br><a href='#'><img src='../images/jiantou.jpg' width='11' height=
'11' border='0' />[简讯]国际交流学院汉语言学习留学生 Farid 荻吉林……</a></br><a
href='#'><img src='../images/jiantou.jpg' width='11' height='11' border='0' />
 [简讯]我院学生积极参与无偿献血</a></br><a href='#'><img src='../images/
jiantou.jpg' width='11' height='11' border='0' /> [简讯]学院组织全体辅导员
参观东北民俗馆和自然……</a></br><a href='#'><img src='../images/jiantou.jpg'
width='11' height='11' border='0' /> [活动]旅游分院举办校园主持人比赛</a>
</br><a href='#'><img src='../images/jiantou.jpg' width='11' height='11'
border='0' />[活动]旅游分院举办双五论坛活动</a></br><a href='#'><img src='../
images/jiantou.jpg' width='11' height='11' border='0' />[活动]汽车分院开展第二期学
生干部素质拓展训练</a></marquee>")
```

注意：

（1）在代码输入过程中不要回车换行，在记事本中可以使用格式菜单下的自动换行命令。

（2）制作滚动效果时，使用脚本文件时不会因为滚动内容多而破坏设计视图下的DIV结构。

步骤3 保存文件在 other 文件夹下且文件名为 sxgd.js。

步骤4 光标定位在＜div id＝"gundong"＞...＜/div＞之间，插入 JavaScript 脚本文件。

步骤5 在设计窗口中显示内容，如图 4-18 所示。

任务3 为 DIV 结构创建 CSS 样式。

步骤1 确定添加 CSS 的位置。

步骤2 在 HTML 文档的＜head＞标签对之间相应的位置输入定义的 CSS 样式代码，具体操作方法如下所示。

图 4-18 添加 CSS 样式表前上下滚动式栏目效果

```
<style type="text/css">
#gundong {
    font-size: 13px;
    line-height: 25px;
    width:350px;
    height:140px;
    border-top: 1pxsolid #900;
    padding-top:10px;
    padding-bottom:10px;}
#bt {
    font-size: 20px;
    color:#900;
    font-weight:bold;
    width:123px;
    border-bottom: 3px solid #900;}
#con {
    height: 190px;
    width: 370px;
    border: 2px solid #CCC;
    padding-left:10px;
    padding-top:10px;}
a{
    color:#000;
    text-decoration:none;}
</style>
```

任务4 测试在浏览器中显示效果。

4.6 任务拓展

利用前面学过的栏目设计知识,设计制作如图 4-19 所示的网站栏目。

图 4-19 任务拓展栏目效果

4.7 本章小结

本章主要介绍了网站栏目的含义,网站栏目的策划,以及常用网站栏目如简易栏目、典型栏目、TAB 选项卡式栏目、视频栏目和滚动式栏目等页面效果的设计与制作。网站栏目建设的好与坏直接影响整个页面的效果,所以在网站的设计制作中,绝对不可以忽视栏目的创设。

习 题

(1) 栏目可以分为哪几种?简述每种栏目的特点。
(2) 在制作网页栏目前应先做哪些准备工作?

表单页面设计

在网页中常用表单来实现内容交互,通过表单来收集用户信息,并进行处理存储等,通过表单功能,可以制作一些如用户注册、搜索、评论、调查、交易等表单页面。

本章要点

- 表单概述。
- 搜索表单设计。
- 跟帖评论表单设计。
- 注册表单设计。

5.1 表单概述

5.1.1 表单的概念

表单是用来收集访问者信息的域集。从用户收集信息,然后将这些信息提交给服务器进行处理。表单可以包含允许用户进行交互的各种元素。例如文本框、列表框、复选框、单选按钮等。站点访问者填表单的方式是输入文本,单击单选按钮、复选框,从下拉列表中选择选项等。在填好表单之后,站点访问者便送出所输入的数据,该数据就会根据所设置的表单处理程序,以各种不同的方式进行处理。

5.1.2 创建表单

在 XHTML 中,使用<form>标记来定义表单,基本语法格式如下:

```
<form name="表单名" method="get | post" action="URL">
    表单元素
</form>
```

表单标记的基本属性如表 5-1 所示。

method 属性,指定将表单数据传输到服务器的方法,其取值可以是以下两种。

post:在 HTTP 请求中嵌入表单数据。

get:将表单数据附加到请求该页的 URL 中。

表 5-1 form 标记基本属性说明

属 性	属 性 值	描 述
action	URL	规定当提交表单时，向何处发送表单数据
method	get ｜ post	向指定 URL 传送数据的 HTTP 方法，默认为 get
target	_self	_self：在当前窗口打开
	_blank	_blank：在新窗口打开
	_parent	_parent：在上层窗口打开
	_top	_top：在顶层窗口打开
	窗口名	窗口名：在指定的窗口打开
name	字符串	定义表单的名称
accept-charset	字符集名称列表	服务器处理表单数据所接受的字符集
enctype	MIME 类型	规定表单数据在发送到服务器之前的编码类型

注意：若要使用 get 方法发送长表单，URL 的长度应限制在 8192 个字符以内。如果发送的数据量太大，数据将被截断，从而导致意外或失败的。此外，在发送用户名和密码、信用卡号或其他机密信息时，不要使用 get 方法，而应使用 post 方法。

accept-charset 属性，允许您指定一系列字符集，服务器必须支持这些字符集，从而得以正确解释表单中的数据。该属性的值是用引号包含字符集名称列表。如果可接受字符集与用户所使用的字符即不相匹配的话，浏览器可以选择忽略表单或是将该表单区别对待。此属性的默认值是"unknown"，表示表单的字符集与包含表单的文档的字符集相同。

enctype 属性，多用于网际邮件扩充协议，规定表单数据在发送到服务器之前的编码类型。在 XHTML 中主要有三种表单数据编码类型：application/x-www-form-urlencoded、multipart/form-data 和 text/plain。

application/x-www-form-urlencoded：表单数据被编码为名称/值对。这是标准的编码格式，也是默认的编码格式。

multipart/form-data：表单数据被编码为一条消息，表单的每个元素对应消息中的一个部分，主要应用在文件数据传输上。使用这种类型，再提交表单，那么在表单接收方就不能取到除 file 类型以外的表单元素的值。

text/plain：表单数据以纯文本形式进行编码，其中不含任何表单元素或格式字符。

5.1.3 表单元素

1. 文本输入框和密码输入框

如果要获取用户输入的一行信息，可以在表单中添加文本输入框。在 XHTML 中，可以使用<input>标记来创建文本输入框，根据其 type 属性值的不同分为文本输入框和密码输入框两种。这两种文本框实际上是一样的，只是在密码框中输入的文本是用圆点显示的。文本输入框和密码输入框基本属性说明如表 5-2 所示。

表 5-2 文本输入框和密码输入框属性说明

属 性	属 性 值	描 述
type	text	定义为单行文本框
	password	定义为密码输入框,文本以"·"的形式显示
name	字符串	定义元素的名称
value	字符串	定义元素中显示的初始文本
size	数字	定义输入字段的显示宽度。以字符数为单位
maxlength	数字	规定输入字段中的字符的最大长度
readonly	readonly	规定输入字段为只读
disabled	disabled	当 input 元素加载时禁用此元素

在 XHTML 中创建文本输入框和密码输入框,基本代码如下,效果如图 5-1 所示。

账户:<input name="uid" type="text" size="20" maxlength="30" />
密码:<input name="pwd" type="password" size="20" maxlength="30" />

图 5-1 单行文本框和密码输入框

2. 按钮、提交按钮和复位按钮

在 XHTML 中,可以使用<input>标记来创建按钮。根据<input>标记的 type 属性值的不同将按钮分为四种。自定义按钮(type="button")、提交按钮(type="submit")、复位按钮(type="reset")和图像按钮(type="image")。自定义按钮、提交按钮、复位按钮和图像按钮的基本属性如表 5-3 所示。

表 5-3 自定义按钮、提交按钮、复位按钮和图像按钮基本属性说明

属 性	属性值	描 述
type	button	定义为自定义按钮
	submit	定义为提交按钮,放置在表单中才会有效果
	reset	定义为复位按钮,放置在表单中才会有效果
	image	定义为图像按钮,图像按钮由一张图像组成,它的功能等同于提交按钮
name	字符串	定义按钮的名称
value	字符串	定义按钮上显示的文本
src	URL	定义图像按钮的 URL,只适用图像按钮
alt	字符串	定义图像的替代文本,只适用图像按钮
disabled	disabled	当 input 元素加载时禁用此元素

在 XHTML 中创建自定义按钮、提交按钮、复位按钮和图像按钮,基本代码如下,效果

如图 5-2 所示。

```
<input type="button" name="but_bt" value="自定义按钮" />
<input type="submit" name="but_sb" value="提交按钮" />
<input type="reset" name="but_rt" value="复位按钮" />
<input type="image" name="but_img" src="images/imagebutton.gif" />
```

图 5-2　自定义按钮、提交按钮、复位按钮和图像按钮

3. 复选框和单选按钮

如果想获取用户的选项信息，可在表单中添加复选框或单选按钮，两者功能不通。复选框实现"多选多"组选；单选按钮实现"多选一"组选。在 XHTML 中，可以使用＜input＞标记来创建复选框（type="checkbox"）、单选按钮（type="radio"），复选框和单选按钮基本属性如表 5-4 所示。

表 5-4　复选框和单选按钮基本属性说明

属　性	属性值	描　　述
type	checkbox	定义为复选框
	radio	定义为单选按钮
name	字符串	定义元素的名称，单选按钮（或复选框）通常是成组使用的，同一组单选按钮（或复选框）的 name 属性值必须相同
value	字符串	定义元素的值
checked	checked	元素设置为选中状态。复选框可以设置多个选项的 checked；同一组单选按钮中只能设置一个选项的 checked
disabled	disabled	当 input 元素加载时禁用此元素

在 XHTML 中创建复选框和单选按钮，基本代码如下，效果如图 5-3 所示。

```
<div align="center">
    请问你学过哪些网页制作技术?<br />
    <input name="web" type="checkbox" value="HTML" checked="checked" />HTML
    <input name="web" type="checkbox" value="JavaScript" checked="checked" />JavaScript
    <input name="web" type="checkbox" value="CSS"/>XML
    <input name="web" type="checkbox" value="ASP" checked="checked" />ASP
    <input name="web" type="checkbox" value="PHP" />PHP <br /><br />
    请问你学过哪一种网页制作技术?<br />
    <input type="radio" name="web" value="HTML" checked="checked" />HTML
    <input type="radio" name="web" value="JavaScript" />JavaScript
    <input type="radio" name="web" value="XML" />XML
    <input type="radio" name="web" value="ASP" />ASP
    <input type="radio" name="web" id="radio5" value="PHP" />PHP
</div>
```

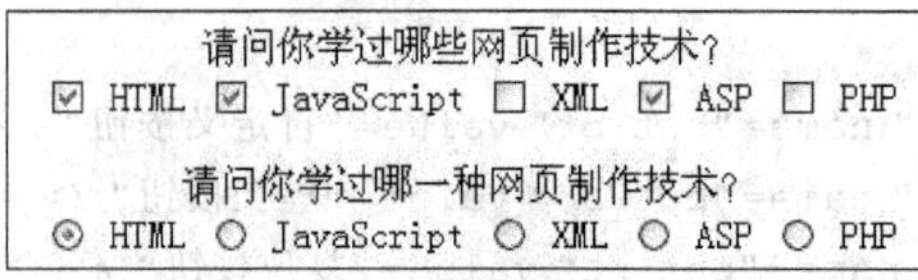

图 5-3 复选框和单选按钮

4. 文件域

如果想使用户具备文件上传的功能，就必须使用文件域。在 XHTML 中，可以使用 <input> 标记来创建复选框（type="file"），文件域基本属性如表 5-5 所示。

表 5-5 文件域属性说明

属 性	属 性 值	描 述
type	file	文件域由一个文本框和一个"浏览"按钮组成，点击按钮可以在磁盘上选择文件，文本框中可显示选中文件的路径
name	字符串	定义文件域的名称
size	数字	定义文本框的显示宽度。以字符数为单位
disabled	disabled	当 input 元素加载时禁用此元素
accept	MIME 类型	规定通过文件上传来提交的文件的类型

在 XHTML 中创建文件域基本代码如下，效果如图 5-4 所示。

```
<form action="" method="post" enctype="multipart/form-data" name="myform">
    图片：<input type="file" name="filename" size="30" />
</form>
```

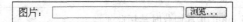

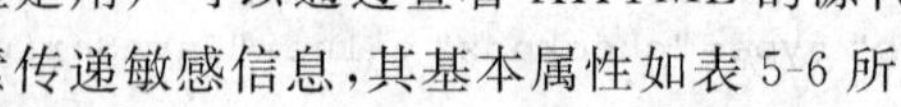

图 5-4 文件域

5. 隐藏域

在 XHTML 中，可以使用 <input> 标记来创建隐藏域（type="hidden"）。在网页浏览时隐藏域不会显示出来，但是用户可以通过查看 XHTML 的源代码看到该元素属性的值，所以请注意，不要用该元素传递敏感信息，其基本属性如表 5-6 所示。

表 5-6 隐藏域基本属性说明

属 性	属 性 值	描 述
type	hidden	隐藏域不会显示出来，主要在程序中传递数据时使用
name	字符串	定义元素的名称
value	字符串	定义元素的初始值

在 XHTML 中创建文件域基本代码如下所示。

```
<input type="hidden" name="hiddenField" value="字符串" />
```

6. 文本区域框

通过前面的学习，了解到单行文本框可以获取用户输入的一行信息，那如何获取多行用户输入的信息？在 XHTML 中，可以使用＜textarea＞标记创建一个多行的、可滚动的文本输入框，允许用户输入较长的文本，弥补＜input＞标记只能输入一行文本的不足。在＜textarea＞和＜/textarea＞之间放置的内容是文本框中显示的初始文本，该文本是纯文本，如果其中包含有 XHTML 标记，也会原样显示在文本框中。＜textarea＞标记基本属性如表 5-7 所示。

表 5-7 ＜textarea＞标记基本属性说明

属　　性	属 性 值	描　　述
name	字符串	定义元素的名字
cols	数字	定义元素中可见的列数，该属性影响元素宽度
rows	数字	定义元素中可见的行数，该属性影响元素高度
readonly	readonly	规定输入字段为只读
disabled	disabled	当 textarea 元素加载时禁用此元素

在 XHTML 中创建文本域基本代码如下，效果如图 5-5 所示。

```
<textarea name="content" cols="40" rows="4"
id="content">文本初始值</textarea>
```

图 5-5　文本区域框

7. 菜单/列表

在 XHTML 中，通过＜select＞和＜option＞标记可以创建一个下拉菜单或者选项列表，其中＜option＞标记用于定义列表框中的列表项目，＜select＞和＜option＞标记基本属性如表 5-8 所示。

表 5-8 ＜select＞和＜option＞标记基本属性说明

标　记	属　性	属性值	描　　述
select	name	字符串	定义 select 元素的名称
	size	数字	定义 select 元素中可见的行数，默认值为 1。当 size 为 1 时，可得到一个下拉式列表框；当 size 大于 1 时，得到一个多行列表框
	multiple	multiple	当值为 multiple 时，按住 Ctrl 键允许多选
	disabled	disabled	当值为 disabled 时，元素加载时禁用此元素
option	value	字符串	列表项的值，在提交表单时，被选中的列表项的值会被提交
	selected	selected	当值为 selected 时，该列表项为选中状态。对单选的列表框，只能有一个选中的列表项
	disabled	disabled	当值为 disabled 时，元素加载时禁用此元素

在 XHTML 中创建下拉菜单或者选项列表基本代码如下,效果如图 5-6 所示。

```
<select name="s_only">
    <option>HTML</option>
    <option>XHTML</option>
    <option>CSS</option>
    <option>JavaScript</option>
</select>
<select name="s_mul" multiple="multiple" size="3">
    <option value="1">HTML</option>
    <option value="2">XHTML</option>
    <option value="3">CSS</option>
    <option value="4">JavaScript</option>
</select>
```

图 5-6　下拉菜单或者选项列表

5.1.4　表单布局

表单布局主要指标签与输入区之间的位置关系。目前常用的布局方式主要有四种对齐方式:标签垂直顶对齐、标签水平右对齐、标签水平左对齐、标签在输入区内部。

1. 标签垂直顶对齐

标签和输入区垂直依次排列,降低了对页面宽度的要求,如图 5-7 所示。如果页面没有富余的空间用于标签和输入区的横向排列,这种布局是个不错的选择。用户自上而下的扫描表单,焦点多集中在左侧一列,且跳动较小。

2. 标签水平右对齐

标签右对齐与输入区水平排列,降低了对页面高度的要求,如图 5-8 所示。此种布局方式,标签离输入区很近,缩短了各输入区间的垂直空间。但是,由于标签是右对齐,且标签文字左侧参差不齐,使用户对问题的认知和扫描时间变得更长。

图 5-7　标签垂直顶对齐

图 5-8　标签水平右对齐

3. 标签水平左对齐

标签左对齐和输入区水平排列，降低了对页面高度的要求，如图 5-9 所示。标签左对齐有利于用户对问题标签的扫描，但不利于填写答案，因为标签距离输入区较远，要重新定位到右侧输入框，确实要消耗一点时间。用户花在定位输入区上的时间比看清标签更长，从而影响了整个表单的完成时间。

4. 标签在输入区内部

标签在输入区内部显示，如图 5-10 所示。此种方式虽然具备垂直组合的优点，但仍应谨慎使用。当焦点移入输入区后，标签消失，看不到问题，可能会忘记要回答什么，不得不清掉输入好的字，把"问题"还原出来。这种组合比较适合只有一两个输入框的简短表单，而且很熟悉，不用费力去记住标签提出的问题。

图 5-9　标签水平左对齐

图 5-10　标签在输入区内部

如果选择用这种表单的时候，需注意让标签和真实内容区分开来；一些约定俗成的做法使用减淡标签字色。

5.2　搜索表单设计

5.2.1　表单及其作用

随着互联网发展，搜索网民不断递增，搜索引擎在网络应用的使用率不断增高，仅低于即时通信，网络搜索已经成为用户获取信息的重要、便利渠道。搜索表单作为用户与搜索引擎交互的平台，主要由文本输入框和提交按钮构成。其中，文本输入框接收用户输入的关键字，提交按钮负责将输入信息反馈给指定的处理文件，然后显示搜索结果，用户根据结果针对性地选择信息，各种搜索界面如图 5-11～图 5-14 所示。

图 5-11　百度搜索

图 5-12　搜狗搜索

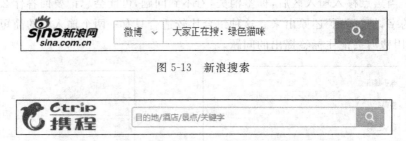

图 5-13　新浪搜索

图 5-14　携程搜索

5.2.2　制作百度搜索页面

百度搜索条由 Logo、文本输入框和提交按钮构成,如图 5-15 所示。文本输入框负责接收用户输入的关键字,提交按钮负责将用户输入的关键提交到服务端文件。文本输入框、提交按钮与 Logo 底端对齐。

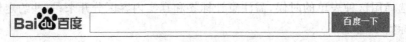

图 5-15　百度搜索条

【任务实施】

　　案例　制作百度搜索条。

　　任务 1　插入 div 标签。

　　步骤 1　新建网页文件,插入 div 标签,并命名为 search。

```
<div id="search">此处显示 id "search" 的内容</div>
```

　　步骤 2　设置通配符(﹡)样式,清除所有标签的边距和补白。

```
* {
margin: 0px;
padding: 0px;
}
```

　　步骤 3　设置 div 标签宽和高。

```
#search {
    height: 40px;
    width: 700px;
}
```

任务 2　插入 Logo。

步骤 1　在 div 中插入 Logo 图片。

```
<img src="baidu.gif" alt="百度搜索" width="117" height="38" class="al_bot">
```

步骤 2　设置图片样式。设置图片底端对齐、右边距和下边距，如图 5-16 所示。

```
.al_bot {
    vertical-align: bottom;
    margin-right: 10px;
    margin-bottom: 5px;
}
```

图 5-16　插入百度 Logo

任务 3　插入表单。

根据图 5-15 所示插入表单及其元素，表单及其元素的基本属性如表 5-9 所示。

表 5-9　搜索表单及其元素说明

名　称	类　型	初始值	含　义
form1	form	—	表单
word	text	—	文本输入框
btu	submit	百度一下	提交按钮

相关代码如下所示。

```
<div id="search">
    <form name="form1" method="post" action="http://www.baidu.com/baidu">
        <img src="baidu.gif" alt="百度搜索" width="117" height="38" class=
        "al_bot">
        <input name="word" type="text" id="word" size="42" maxlength="100">
        <input type="submit" name="btu" id="btu" value="百度一下">
    </form>
</div>
```

网页浏览效果如图 5-17 所示。

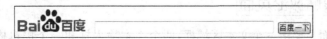

图 5-17　插入表单后的浏览效果

任务 4 设置表单样式。

步骤 1 设置 word 文本框样式。设置文本框宽、高、字号、行高、左补白、边框和底端对齐。

```css
#word {
    height: 32px;
    width: 400px;
    font-size: 17px;
    line-height: 32px;
    padding-left: 10px;
    border: 1px solid #09C;
    vertical-align: bottom;
}
```

步骤 2 设置 btu 按钮样式。

```css
#btu {
    height: 34px;
    width: 100px;
    background-color: #09C;
    font-size: 15px;
    color: #FFF;
    border: 1px solid #096;
    font-weight: bold;
}
```

页面浏览效果如图 5-18 所示。

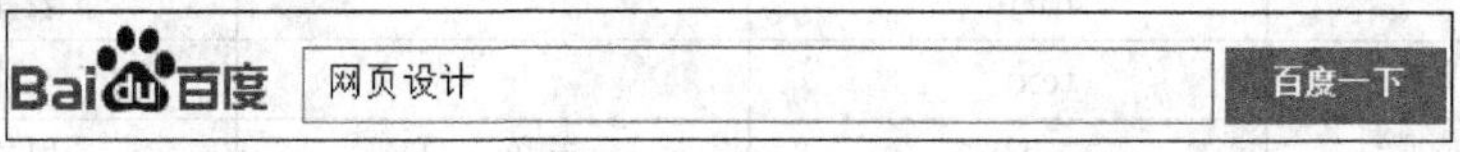

图 5-18 完成后浏览效果

5.3 跟帖评论表单设计

5.3.1 表单及其作用

跟帖评论是网民表达意见的渠道、互动交流的广场、舆论监督的平台。跟帖评论表单作为用户与网络评论系统交互的平台，主要由文本区域框、文本输入框、提交按钮构成。其中，文本区域框接收用户输入的评论内容，提交按钮负责将评论内容反馈给指定的处理文件，然后显示评论列表。

5.3.2 制作跟帖评论页面

网友评论页面主要由一个文本区域框、两个文本输入框和一个按钮构成。跟帖评论如图 5-19 所示，页面效果如图 5-20 所示。

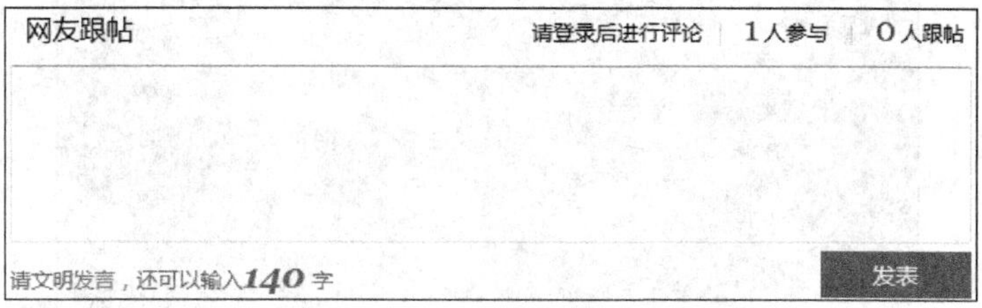

图 5-19　跟帖评论

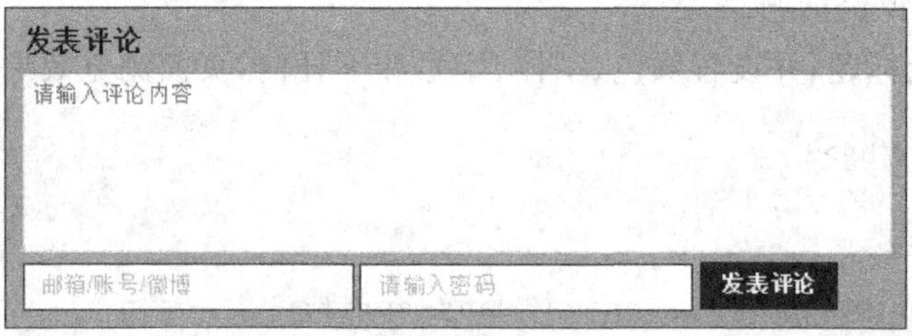

图 5-20　跟帖评论页面效果

【任务实施】

案例　制作发表评论页。

任务 1　插入 div 标签。

步骤 1　新建网页文件,插入 div 标签,并命名为 comment。

```
<div id="comment">
  此处显示 id "comment" 的内容
</div>
```

步骤 2　设置通配符(*)样式,清除所有标签的边距和补白。

```
* {
    padding:0;
    margin:0;
}
```

步骤 3　设置 div 标签宽、高、补白、背景和字号。

```
#comment {
    height: 160px;
    width: 500px;
    padding: 10px;
    background-color: #9C3;
    border: 1px solid #666;
    font-size: 13px;
}
```

效果如图 5-21 所示。

图 5-21 插入 div 标签后效果

任务 2 添加评论标题。

添加跟帖评论标题，并设置颜色、字体、字号和下补白，页面浏览效果如图 5-22 所示。

```
<h4>发表评论</h4>
h4 {
    color: #333;
    font-family: Verdana, Geneva, sans-serif;
    font-size: 17px;
    padding-bottom: 5px;
}
```

图 5-22 添加标题后浏览效果

任务 3 插入表单。

根据图 5-20 所示插入表单及其元素，表单及其元素的基本属性如表 5-10 所示。

表 5-10 评论表单及其元素说明

名 称	类 型	初 始 值	含 义
form1	form	—	表单
msg	areatext	请输入评论内容	文本区域框
uid	input/text	邮箱/账号/微博	文本输入框
pwd	input/text	请输入密码	文本输入框
btu	input/submit	发表评论	提交按钮

相关代码如下所示。

```
<form id="form1" name="form1" method="post" action="">
    <p>
        <textarea name="msg" class="txa">请输入评论内容</textarea>
    </p>
```

```
<input name="uid" type="text" class="ipt" id="uid" value="邮箱/账号/微博" />
<input name="pwd" type="text" class="ipt" id="pwd" value="请输入密码" />
<input name="button" type="submit" class="btu" id="button" value="发表评
论" />
</form>
```

插入表单后,浏览页面,如图 5-23 所示。

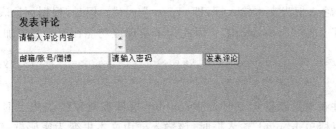

图 5-23 添加表单后浏览效果

任务 4 设置表单样式。

步骤 1 设置文本输入框样式。设置文本输入框宽、高、边框、左补白和垂直居中对齐。在同一行实现多个表单元素水平对齐时,多采用"vertical-align：middle;"这种方式。

```
.ipt {
    height: 25px;
    width: 180px;
    border: 1px solid #666;
    color: #CCC;
    padding-left: 10px;
    vertical-align: middle;
}
```

步骤 2 设置文本区域框样式。主要设置文本区域框宽、高、文字颜色、补白等。其中,通过"overflow：hidden;"隐藏文本区域框的滚动条。

```
.txa {
    height: 90px;
    width: 490px;
    overflow: hidden;
    color: #999;
    padding: 5px;
}
```

步骤 3 设置提交按钮样式。设置按钮背景、边框、文字颜色、宽、高等,浏览效果如图 5-20 所示。

```
.btu {
    background-color: #060;
    border: 1px solid #060;
    font-weight: bold;
```

```
            color: #FFF;
            height: 27px;
            width: 80px;
}
```

任务 5 添加 JS 脚本。

在跟帖评论表单布局中,采用了内嵌式布局方式,在三个重要的输入框中显示提示语,因此造成的 pwd 输入框为文本输入框,即 type="text"。但是,根据评论表单的设计功能该为密码输入框,即 type="password"。因此为了实现该功能在原标签内加入如下 JS 脚本。

```
onfocus="if(this.value==defaultValue){this.value='';this.type='password'}"
onblur="if(!value){value=defaultValue; this.type='text';}"
```

onfocus 事件在对象获得焦点时发生;onblur 事件在对象失去焦点时发生。通过以上脚本,实现了当鼠标单击"pwd"输入框时,该输入框由文本框变为密码框,输入密码时显示,如图 5-24 所示。

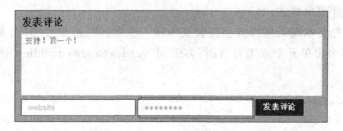

图 5-24 加入 JS 脚本后浏览效果

5.4 注册表单设计

5.4.1 表单及其作用

发邮件、发微博、玩网游、网购、网上招聘、网上预订等,这些已成为当今互联网应用的主要行为,受到广大网络用户尤其是青年用户的青睐。访问者要体验以上的网络应用,用户注册是访问者变成用户或者会员必经的途径。

根据网站获取访问者信息的不同,注册表单各不相同。常见的注册表单主要由文本输入框、密码输入框、复选框、提交按钮、单选按钮、菜单等元素构成,注册表单如图 5-25 所示。

通过注册表单能够获取访问者的基本信息。在访问者注册过程中,有很多访问者一见到注册表单就会立刻点击浏览器上的后退按钮。这里面原因有很多,例如表单篇幅长、不友好、不值得信任。

这种情况每发生一次,就失掉了一个潜在用户。怎样设计表单才能让更多的访问者愿意完成注册,这是设计师必须面对的挑战,因此注册表单要从访问者的角度来进行设计。

1. 我能得到什么

网页设计师首先想到的往往是一些相关操作的细节问题,包括按钮的颜色、标题的字号、对比度、对其方式,等等。但最最首要的问题是作为网站的访问者,为什么要填写表单?

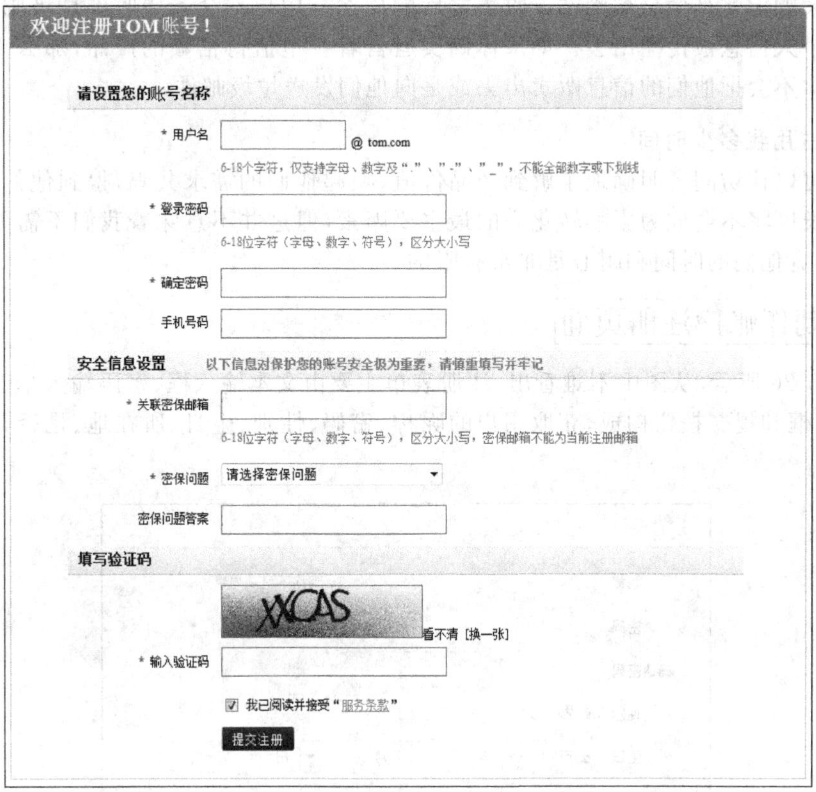

图 5-25　注册 TOM 用户

能得到什么？

访问者不会简单的因为你提出了相关要求而把自己的个人信息透露给你。你要让他们看到这样做的好处在哪里。不妨把这件事看作一种交易，你的访问者提供他们的名字与邮箱地址，从而换取到一些他们需要的东西，例如享受服务、免费试用软件、下载 PDF 文档等。

除了让浏览者知道他们能得到什么东西以外，最好还能告诉他们这东西为什么是他们所需要的。要聚焦在产品的价值上，如果你能用最简单的介绍文字描述出你的产品能帮用户解决怎样的问题，唤起他们的共鸣，那么即使表单本身稍微复杂些，他们也会愿意完成填写；否则，字段最少的表单也不会引起他们的兴趣。

2. 怎样使我相信

当访问者第一次访问你的网站或接触你的产品时，他们确实没什么理由一下子产生信任。不妨试着展示一些具有公共效应的"证据"，例如相关媒体报道、来自现有用户的赞许，以及任何可以鼓舞访问者对产品产生积极态度的元素。

另外一种很有效的"证据"就是将所有报道过你家产品的知名媒体的 Logo 陈列在页面中，当然前提是必须有相关的报道真实存在。这些具有很高识别效应的元素可以有效增强用户的信赖感。

3. 用我的信息做些什么

在为访问者提供积极引导的同时，还要想办法避免掉那些负面因素。访问者在填写表单时的最大顾虑就是信息被网站方收集之后的用途。用户不会希望收到垃圾邮件,更不愿意自己的个人信息被传播出去。如果你确实运营着一个值得信赖的产品,那么不妨直接让用户知道你不会把他们的信息贩卖出去或是向他们发送垃圾邮件。

4. 会占用我多少时间

如果可以让访问者明确地了解到产品价值,唤起他们的需求共鸣,得到他们的信任,那么表单的长度将不会成为影响转化率的最主要因素,但这并不意味着我们不需要对表单进行简化,毕竟他们的时间和耐心是非常有限的。

5.4.2 制作账户注册页面

如图 5-26 所示,从图中不难看出,注册表单主要由文本输入框、密码输入框、单选按钮、菜单、复选框和提交按钮构成,获取用户的昵称、密码、性别、生日、所在地、是否开通 QQ 空间等信息。

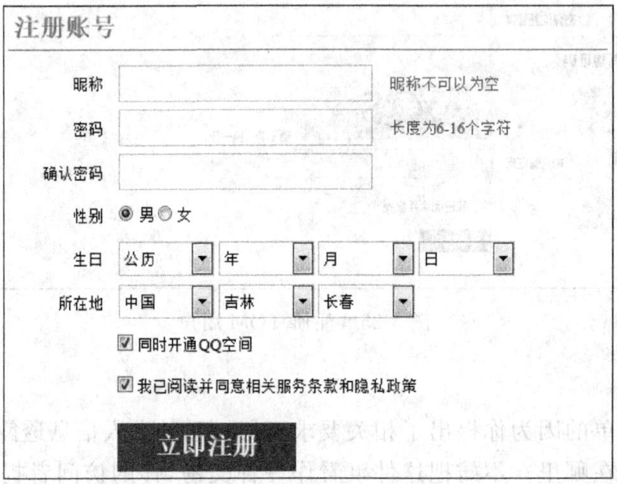

图 5-26 注册账号

【任务实施】

案例　制作注册账号页面。
任务 1　插入 div 标签。
步骤 1　新建网页文件,插入 div 标签,并命名为 reg。

```
<div id="reg">
    此处显示 id "reg" 的内容
</div>
```

步骤 2　设置通配符(＊)样式,清除所有标签的边距和补白。

```
* {
    margin: 0px;
    padding: 0px;
}
```

步骤3 设置 div 标签宽、左边距和字号。

```
#reg {
    width: 500px;
    margin-left: 100px;
    font-size: 13px;
}
```

任务 2 添加注册标题。

添加注册标题，并设置颜色、字体、字号、下边框、下边距、左补白和下补白，页面浏览效果如图 5-27 所示。

```
<h3>注册账号</h3>
h3 {
    color: #999;
    padding-bottom: 5px;
    padding-left: 5px;
    border-bottom: 1px solid #CCC;
    font-size: 21px;
    margin-bottom: 10px;
}
```

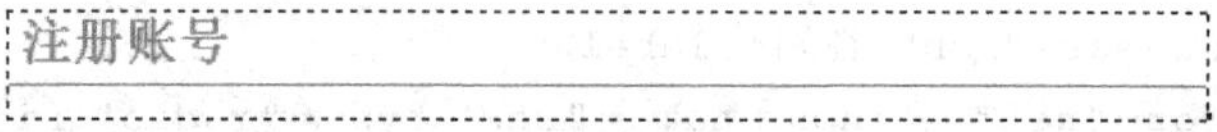

图 5-27 添加注册标题

任务 3 插入表单。

根据图 5-26 所示插入表单及其元素，表单及其元素的基本属性如表 5-11 所示。

表 5-11 注册表单及其元素说明

名　称	类　型	初　始　值	含　义
form1	form	—	表单
nick	input/text	—	文本输入框
pwd	input/password	—	密码输入框
pwd_again	input/password	—	文本输入框
sex	input/radio	男（默认）	单选按钮
sex	input/radio	女	单选按钮
calendar	select	公历	菜单
year	select	年	菜单
month	select	月	菜单
day	select	日	菜单
country	select	中国	菜单

续表

名 称	类 型	初 始 值	含 义
province	select	吉林	菜单
city	select	长春	菜单
qzone	input/checkbox	1	复选框
agree	input/checkbox	1	复选框
btn	submit	立即注册	提交按钮

相关代码如下：

```html
<form id="form1" name="form1" method="post" action="">
  <p><label class="lab" for="nick">昵称</label>
    <input name="nick" type="text" class="ipt" id="nick" />
  <span class="sp_red">昵称不可以为空</span></p>
  <p><label class="lab" for="pwd">密码</label>
    <input name="pwd" type="password" class="ipt" id="pwd" />
  <span class="sp_red">长度为 6-16 个字符</span></p>
  <p><label class="lab" for="pwd_again">确认密码</label>
    <input name="pwd_again" type="password" class="ipt" id="pwd_again" />
  </p>
  <p><label class="lab">性别</label>
    <label for="sex"><input name="sex" type="radio" id="sex" value="男"
     checked="checked" />
    男</label>
    <label for="sex"><input type="radio" name="sex" id="sex" value="女" />
    女</label></p>
  <p><label class="lab">生日</label>
    <select name="calendar" id="calendar">
      <option>公历</option>
      <option>农历</option>
    </select>
    <select name="year" id="year">
      <option>年</option>
    </select>
    <select name="month" id="month">
      <option>月</option>
    </select>
    <select name="day" id="day">
      option>日</option>
    </select>
  </p>
  <p><label class="lab">所在地</label>
    <select name="country" id="country">
      <option>中国</option>
```

```
          </select>
          <select name="province" id="province">
            <option>吉林</option>
          </select>
          <select name="city" id="city">
            <option>长春</option>
          </select>
        </p>
        <p class="left_pad">
          <label for="qzone"><input name="qzone" type="checkbox" id="qzone" value=
          "1" checked="checked" />
          同时开通QQ空间</label></p>
        <p class="left_pad">
          <label for="agree"><input name="agree" type="checkbox" id="agree" value=
          "1" checked="checked" />
          我已阅读并同意相关服务条款和隐私政策</label></p>
        <p class="left_pad">
          <input name="btn" type="submit" id="btn" value="立即注册" />
        </p>
</form>
```

浏览页面，如图 5-28 所示。

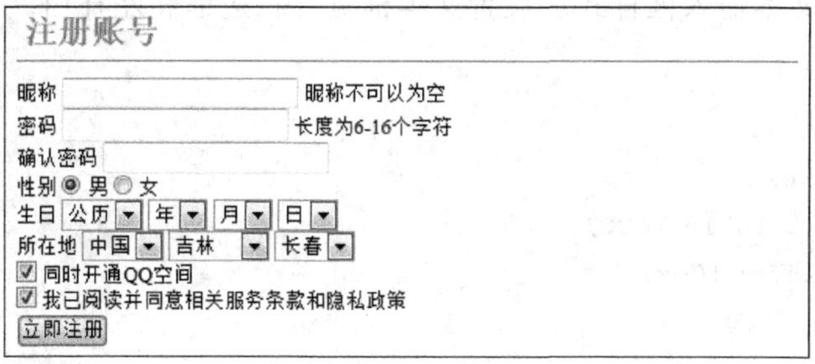

图 5-28　插入表单后的浏览效果

任务 4　设置表单样式。

步骤 1　设置行。即设置 p 标签上、下补办和行高。

```
p {
    padding-top: 2px;
    padding-bottom: 2px;
    line-height:30px;
}
```

步骤 2　设置标签对齐方式。注册表单左侧标签采用右对齐方式。

```
.lab {
    vertical-align: middle;
    height: 30px;
```

```
        width: 80px;
        display: inline-block;
        text-align: right;
        padding-right: 10px;
}
```

浏览页面,如图 5-29 所示。

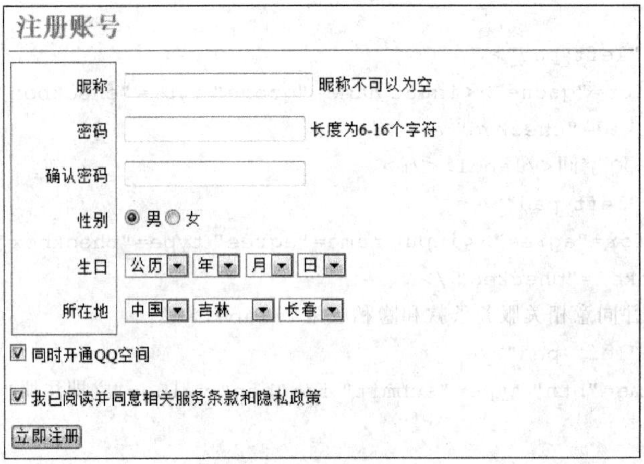

图 5-29　标签对齐后浏览效果

步骤 3　设置文本输入框样式。设置文本框宽、高、边框和左补白。

```
.ipt {
        height: 28px;
        width: 200px;
        border: 1px solid #CCC;
        padding-left: 10px;
}
```

浏览页面,如图 5-30 所示。

步骤 4　设置菜单样式。对宽、高、边框进行设置。

```
select {
        height: 28px;
        width: 80px;
        border: 1px solid #CCC;
}
```

浏览页面,如图 5-31 所示。

步骤 5　设置复选框和按钮样式。对复选框和按钮所在行添加左补白,对"立即注册"按钮的字号、字体、字颜色、背景颜色、宽、高、边框和上边距进行设置。

```
.left_pad {
        padding-left: 92px;
}
```

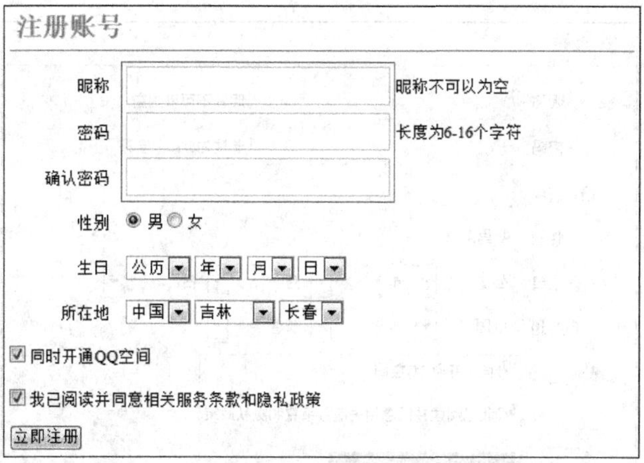

图 5-30 文本框添加样式后浏览效果

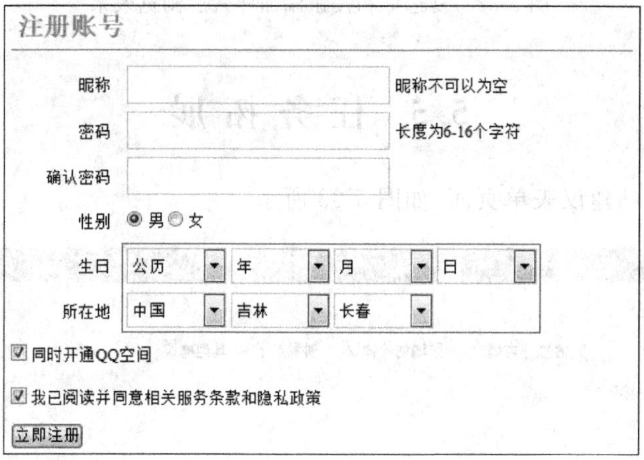

图 5-31 菜单添加样式后浏览效果

```
#btn {
    font-size: 21px;
    font-weight: bold;
    color: #FFF;
    background-color: #06F;
    height: 40px;
    width: 150px;
    border: 1px solid #06F;
    margin-top: 10px;
}
```

浏览页面，如图 5-32 所示。

步骤 6 设置提示信息。设置提示信息文字颜色为红色。

```
.msg_red {
    color: #F00;
}
```

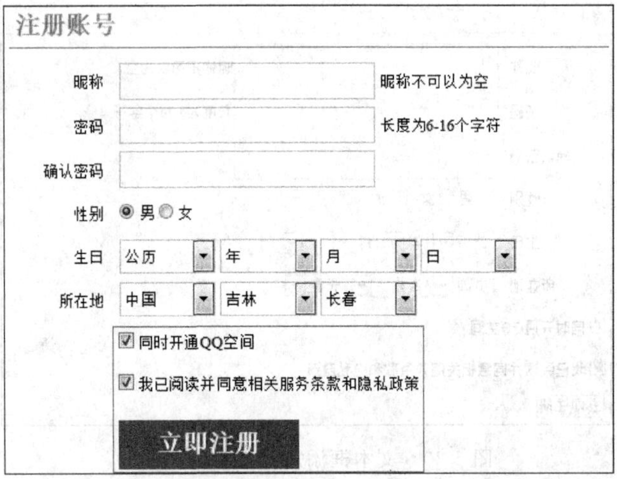

图 5-32　复选框和按钮添加样式后浏览效果

5.5　任务拓展

任务　制作网站建议表单页面，如图 5-33 所示。

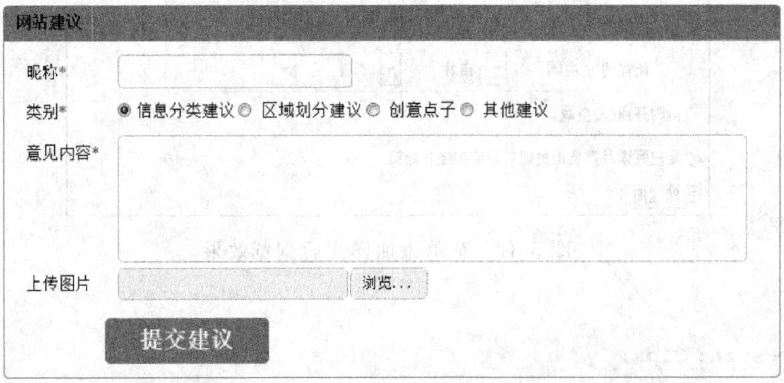

图 5-33　网站建议表单

任务描述：网站建议表单页面是用户对网站建设提出合理化建议的平台。网站建设对于交互式用户体验的要求越来越高，网站建设也应该遵循交互式网站建设和交互式用户体验的理念，在网站建设中不断加入交互式网站效果，让网站能够为浏览者提供更加有用和更加舒服的用户体验。

任务要求：不借助图像，使用 CSS 实现所有元素的样式设计。

5.6　本章小结

本章主要讲解了表单的概念，如何创建表单，常见的表单页面布局方式；详细地介绍了搜索表单、跟帖评论表单、注册表单及其作用和制作方法。通过本章学习，要求读者掌握表单常用元素的基本属性和使用方法、表单布局方式,具备表单页面的综合设计能力。

习 题

(1) 参考图 5-34 所示制作用户登录表单。要求:页面设计美观,布局合理,表单设计及命名规范。

(2) 根据图 5-35 所示制作网上调查表单页面。

图 5-34 社区登录表单

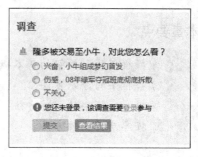

图 5-35 网上调查

(3) 根据图 5-36 所示制作百度账号注册表单。

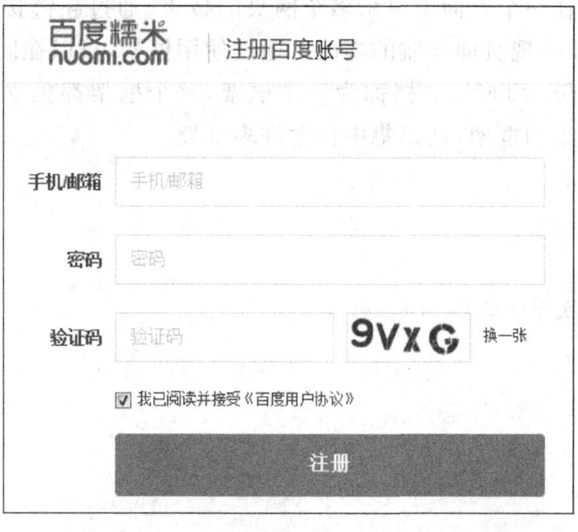

图 5-36 注册表单

第 6 章 框架网页设计

从网页布局的角度来说,表格是传统的布局技术,DIV+CSS是当前主流的布局,但是这二者都不能起到分割浏览器的作用,而框架却可以实现在不同的窗口浏览不同的HTML页面,使用框架可以轻松实现导航和网站页面风格的统一。

本章要点

- 掌握框架集和框架的基本概念。
- 掌握框架的分割方法。
- 掌握导航框架的制作方法。
- 掌握浮动的制作方法。

6.1 关于框架网页

框架技术是一种在一个页面中显示多个网页的技术,通过超链接可以使框架之间建立内容之间的联系,从而实现页面导航的功能。通过使用框架,可以在同一个浏览器窗口中显示不止一个页面。每份 HTML 文档称为一个框架,每个框架都独立于其他的框架。框架的基础结构分为框架集和框架,框架集中包含许多框架。

基本语法:

```
<html>
    <head>
        <title>关于框架集</title>
    </head>
    <frameset>
        <frame>
        <frame>
    </frameset>
</html>
```

语法说明:框架集(frameset)可以在一个窗口中定义一组框架结构,并设置其相关的属性,属性值如表 6-1 所示。

表 6-1 框架集属性

属　性	值	描　述
border	pixels	设置边框粗细
bordercolor	rgb	设置边框颜色
frameborder	0 1	指定是否显示边框，0 代表不显示，1 代表显示边框
cols	pixels % *	定义框架集中列的数目和尺寸。用"像素数"和"%"分割左右窗口，"*"表示剩余部分
rows	pixels % *	定义框架集中行的数目和尺寸。用"像素数"和"%"分割上下窗口，"*"表示剩余部分
framespacing	pixels	表示框架与框架间的保留空白的距离
noresize	yes/no	设定框架不能够调节，只要设定了前面的，后面的将继承

注：在框架集网页中没有<body>标签，以 frameset 替代 body 标记，利用 frame 定义框架。

6.2 制作导航框架页

6.2.1 关于导航框架

　　导航框架是框架集最常用的方式。通过单击导航框架中的超链接，可以在内容显示框架页中显示不同的网页。导航框架一般位于页面顶部或页面左侧区域，内容显示框架一般位于页面的底部区域或右侧区域，如下图 6-1 所示。当然，根据具体情况也可灵活设计导航框架的位置。

图 6-1 常见导航框图

6.2.2 制作导航框架

【知识基础】

　　1. 关于框架集的水平分割

　　所谓框架集的水平分割，就是利用框架集 frameset 的 rows 属性来实现水平分割框架集窗口。在这种情况下,rows 表示分割子窗口的高度,至少有两个或两个以上的属性值,属性值之间用逗号分隔,属性值的个数就是框架集中的框架个数,属性值单位可以是像素,也可以是百分比。

下列是将框架集水平分割成 2 个窗口的标记属性值写法。

```
<frameset rows="20%, * "></frameset>
<frameset rows="20%,80%"></frameset>
<frameset rows="200,600"></frameset>
<frameset rows="200, * "></frameset>
```

下列是将框架集水平分割成 3 个窗口的标记属性值写法。

```
<frameset rows="20%,30%, * "></frameset>
<frameset rows="20%,50%,30%"></frameset>
<frameset rows="200,300, * "></frameset>
```

2. 关于框架集的垂直分割

所谓框架集的垂直分割,就是利用框架集 frameset 的 cols 属性来实现垂直分割框架集窗口。其中 rows 表示分割子窗口的宽度,至少有两个或两个以上的属性值,属性值之间用逗号分隔,属性值的个数就是框架集中的框架个数,属性值单位可以是像素,也可以是百分比。

下列是将框架集垂直分割成 2 个窗口的标记属性值写法。

```
<frameset cols="20%, * "></frameset>
<frameset cols ="20%,80%"></frameset>
<frameset cols ="200,600"></frameset>
<frameset cols ="200, * "></frameset>
```

下列是将框架集垂直分割成 3 个窗口的标记属性值写法。

```
<frameset cols ="20%,30%, * "></frameset>
<frameset cols ="20%,50%,30%"></frameset>
<frameset cols ="200,300, * "></frameset>
```

【任务实施】

案例 诗词欣赏导航站制作。

任务 1 建立 frame 导航站和 frames.html 页。

步骤 1 建立站点 frame,并添加 images 图片文件夹、frames.html 页。

步骤 2 打开 frames.html 文件,设置框架集 frameset 的结构,采用水平分割方式,包含 2 个框架页(顶端框架 topFrame 和内容框架 mainFrame),源代码如下:

```
<html>
<head>
    <title>导航框架</title>
</head>
<frameset rows="80, * " border="0" frameborder="no" framespacing="0">
<frame src="top.html" name=topFrame scrolling="no" noresize="noresize"/>
```

```
        <frame src="main.html" name=mainFrame scrolling="no" noresize="noresize" />
</html>
```

任务 2   创建 top.html 页。

步骤 1   在 frame 站点中添加 top.html 并打开,在 body 标签中添加 HTML 标签,添加文本导航:子夜秋歌、将进酒、静夜思、绝句,利用无序列表制作横行导航,源代码如下所示。

```
<body>
    <div id="con">
        <ul>
            <li><a href="main.html" target="mainFrame">子夜秋歌</a></li>
            <li><a href="main1.html" target="mainFrame">将进酒</a></li>
            <li><a href="main2.html" target="mainFrame">静夜思</a></li>
            <li><a href="main3.html" target="mainFrame">绝句</a></li
            ><li><a href="main4.html" target="mainFrame">从军行</a></li>
        </ul>
    </div>
</body>
```

步骤 2   在 head 标签对之间添加相应内部 css,利用样式表实现横向导航的制作。

```
<style type="text/css">
*{
    margin:0px;
    padding:0px;
    border:0px;
}
body{
    background-color:#FF0;
    padding-top:20px;
    text-align:center;
}
#con{
    width:500px;
    height:80px;
    margin-left:auto;
    margin-right:auto;
}
ul{
    list-style-type:none;
}
ul li{
    width:80px;
    height:30px;
    float:left;
```

```css
    text-align: center;
}
ul li a:link,ul li a:visited{
    color:#000;
    font-family:"微软雅黑";
    font-size:16px;
    font-weight:bold;
    text-decoration:none;
}
ul li a:hover{
    color:#F00;
}
</style>
```

任务 3 创建 main.html 页。

步骤 1 新建 main.html 并打开,在 body 标签中添加 HTML 标签,源代码如下所示。

```html
<body>
    <pre>
        (唐)李白

        长安一片月,
        万户捣衣声。
        秋风吹不尽,
        总是玉关情。
        何日平胡虏,
        良人罢远征。
    </pre>
</body>
```

步骤 2 在 head 标签之间添加 CSS 样式,设置相应用的显示模式,源代码如下所示。

```css
<style type="text/css">
body {
    background-image: url(images/bj.gif);
}
pre {
    font-family:"华文行楷";
    font-size: 28px;
    color:#C90;
    line-height:30px;
    text-align: center;
}
</style>
```

步骤 3 重复上面步骤,完成内容框架中的显示页 main1.html、main2.html、main3.html 的制作。

任务 4　在浏览器中测试效果,如图 6-2 所示。

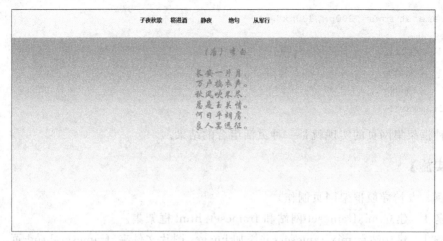

图 6-2　诗词欣赏导航站示意图

6.3　制作综合框架页

6.3.1　关于框架的嵌套

在一个框架集中放入新的框架集称为框架的嵌套。使用框架嵌套可以在一个网页中添加建立多个框架集,也就是说一个框架集文件可以包含多个嵌套的框架集。如果在一组框架里,不同行或不同列中有不同数目的框架,则要求使用嵌套的框架集。

大多数使用框架的 Web 页实际上都使用嵌套的框架,如图 6-3 所示,几种常见的框架嵌套结构示意图。一般来说导航框架处于上部和左侧区域,所占区域较少;内容区域一般占据中间位置,所占的面积较大。

 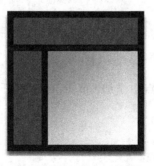 

图 6-3　框架嵌套示意图

6.3.2　制作综合框架

【知识基础】

所谓综合框架网页,从实现技术上来说就是利用框架集嵌套来实现的,下面描述了一个

框架集右侧嵌套的例子,其框架集语法结构如下:

```
<frameset rows="200px,800px">
  <frame ...>
    <frameset cols="25%,75%">
      <frame ...>
      <frame ...>
</frameset>
```

各种框架集网页的实现就是一种灵活组合的结果。

【任务实施】

案例 友情导航框架网页制作。

任务1 建立 mixframeset 网站和 frameset.html 框架集。

步骤1 建立站点 mixframeset,并添加 images 图片文件夹、frameset.html 页。

步骤2 打开 frameset.html 文件,设置框架集 frameset 的结构,采用水平分割方式,包含2个框架页(顶端框架 topFrame 和内容框架 mainFrame),源代码如下所示。

```
<html>
  <head>
    <title>混合框架集</title>
  </head>
  <frameset rows="150px,*" cols="*" frameborder="no" >
    <frame name="topFrame" src="top.html" scrolling="no">
    <frameset rows="*" cols="211px,*" frameborder="no">
      <frame name="leftFrame" src="left.html" scrolling="no" noresize="noresize">
      <frame name="rightFrame" src="right.html" noresize="noresize">
    </frameset>
  </frameset>
</html>
```

任务2 创建 top.html 页。

步骤1 在 mixframeset 站点中添加 top.html 并打开,在 body 标签中添加 HTML 标签,添加顶部图片。

```
<body>
  <div id="top">
    <img src="images/1.jpg" />
  </div>
</body>
```

步骤2 在 top.html 网页文件的 head 标签对之间添加相应内部 CSS,设置图片的位置与样式表。

```
<style type="text/css">
```

```css
* {
    padding:0px;
    margin:0px;
    border:0px;
}
body{
    text-align:center;
    background-color:#39C;
}
#top {
    margin-left:auto;
    margin-right:auto;
    height:143px;
    width:100%;
    background-image:url(images/2.jpg);
    background-repeat:repeat-x;
    text-align:left;
}
#top img{
    width:1222px;
    height:140px;
}
</style>
```

任务 3 创建 left.html 页。

步骤 1 在 mixframeset 站点中添加导航网页 left.html 并打开,在 body 标签中利用 ul 标签建立纵向导航栏,源代码如下所示。

```html
<body>
<div id="left">
    <ul>
        <li><a href="http://www.baidu.com" target="rightFrame">百度</a></li>
        <li><a href="http://www.sohu.com" target="rightFrame">新浪</a></li>
        <li><a href="http://www.sina.com.cn" target="rightFrame">搜狐/a></li>
    </ul>
</div>
</body>
```

步骤 2 在 left.html 网页的 head 标签对之间添加相应内部 CSS,设置导航栏的样式表。

```css
<style type="text/css">
    * {
        padding:0px;
        margin:0px;
        border:0px;
    }
    #left {
        height: 579px;
```

```
            width: 150px;
            text-align:center;
            background-color:#09F;
        }
        #left ul{
            list-style-type:none;
        }
        #left ul li{
            width:80px;
            height:40px;
        }
        #left ul li a:link,#left ul li a:visited{
            color:#FFF;
            font-family:"微软雅黑";
            font-size:14px;
            text-decoration:none;
        }
        #left ul li a:hover{
            color:#FC0;}
</style>
```

任务 4 创建 right.html 页。

步骤 1 在 mixframeset 站点中添加导航网页 right.html 并打开,在 body 标签中利用 ul 标签建立纵向导航栏,源代码如下所示。

```
<body>
    <div id="right">
        img src="images/welcome.gif" />
    </div>
</body>
```

步骤 2 在 left.html 网页的 head 标签对之间添加相应内部 CSS,设置图片样式表。

```
<style type="text/css">
    *{
        padding:0;
        margin:0;
        border:0px;
    }
    #right {
        height: 210px;
        width: 160px;
        margin-left:auto;
        margin-right:auto;
        margin-top:40px;
    }
</style>
```

任务 5 在浏览器中测试效果,如图 6-4 所示。

图 6-4 友情导航框架网页示意图

6.4 制作浮动框架页

6.4.1 关于浮动框架

所谓浮动框架,是网页中的一种特殊框架,是在浏览器窗口中利用 iframe 标记嵌入另一个子窗口。要特别注意 iframe 标记必须在 body 标记中使用,不能插入 frameset 标记中。表 6-2 显示 iframe 的相关属性值。

表 6-2 iframe 属性

属性	值	描述
frameborder	1 0	是否显示框架周围的边框
height	pixels %	iframe 的高度
marginheight	pixels	定义 iframe 的顶部和底部的边距
marginwidth	pixels	定义 iframe 的左侧和右侧的边距
name	frame_name	规定 iframe 的名称
scrolling	yes no auto	是否在 iframe 中显示滚动条
src	URL	在 iframe 中显示的文档的 URL
width	pixels %	定义 iframe 的宽度

6.4.2 制作浮动框架

【知识基础】

iframe 标签是比较新的标签,从它的参数可以看出,与普通的 html 标签区别不大。前面的章节学习了利用 frame(框架)布局网页的技术。实际上,iframe 和 frame 功能类似。不同的是,iframe 是一个浮动框架,可以把 iframe 布置在网页中的任何位置,这种极大的自由度可以给网页设计带来很大的灵活性,所以掌握这个技术是非常必要的。下面描述了一个浮动框架的语法结构。

```
<div class="main">
    <iframe src="word.html" ...>
    </iframe>
</div>
```

【任务实施】

案例 长职院评估网站子页制作。

任务 1 建立 iframe 网站和 iframe.html 页。

步骤 1 建立站点 iframe,并添加 images 图片文件夹、iframe.html 页。

步骤 2 打开 iframe.html 文件,制作该页面的 HTML 主体结构,并明确放置浮动框架的区域和位置,源代码如下所示。

```
<html>
    <head>
        <title>浮动框架网页</title>
    </head>
    <body>
        <div class="con">
            <div id="top">
                <img src="images/top.jpg" />
            </div>
            <div class="main">
            </div>
            <div class="footer"><p>版权所有:长春职业技术学院信息技术分院|技术支持:蓝星工作室|学院地址:长春市卫星路3278号[130033]</p>
            </div>
        </div>
    </body>
</html>
```

步骤 3 在 iframe.html 文件中,main 区域用于放置浮动框架页,设置 main 区域宽、高、滚动条,利用 src 指定要嵌入浮动框架的网页名称(word.html),源代码如下所示。

```
< iframe border = 2 name = iframename src =" word. html" width = 900 height = 630
scrolling=yes >
</iframe>
```

步骤 4 在 iframe.html 文件中 head 标签中设置 CSS 样式,源代码如下所示。

```
<style type="text/css">
*{
    margin:0px;
    padding:0px;
    border:0px;
}
.con{
    width:900px;
    height:800px;
    background-image:url(images/bg_01_01.jpg);
    margin:0px auto;
}
#top{
    width:900px;
    height:181px;
}
.main{
    width:900px;
    height:630px;
}
.footer{
    background-image:url(images/footer_bg_01_06.jpg);
    background-repeat:no-repeat;
    background-color:#FFC;
    height:45px;
    width:900px;
    font-size:12px;
    color:#FFF;
    font-weight:bold;
    line-height:40px;
    margin-top:5px;
}
</style>
```

任务 2 创建 word.html 页。

步骤 1 在 word.html 文件中对所要显示的文本信息进行版面设计,合理运用标题、段落等标签以保证页面设计美观。

步骤 2 在 head 标签对之间,编写相应的 CSS 样式表用来控制文本的显示效果。

任务 3 在浏览器中测试效果,如图 6-5 所示。

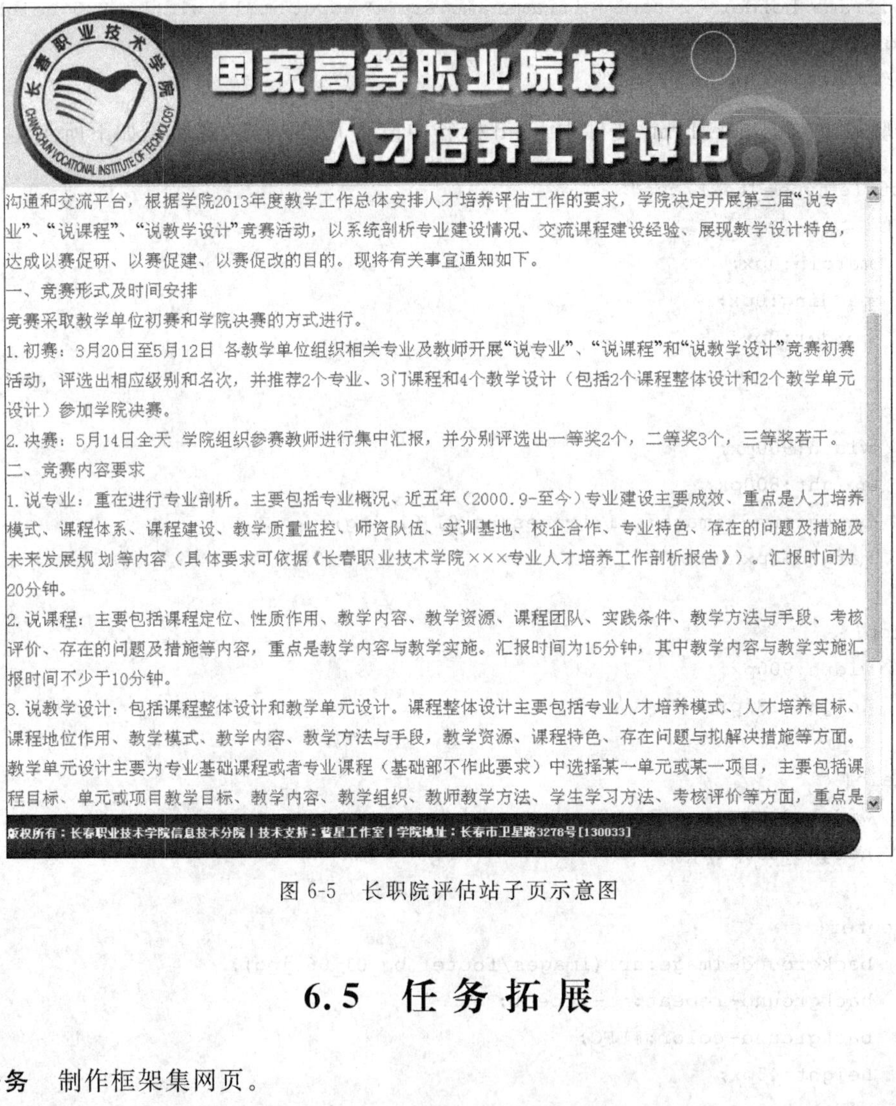

图 6-5 长职院评估站子页示意图

6.5 任务拓展

任务 制作框架集网页。

任务描述：该框架网页中要具有导航功能、主体内容展示功能图，其中一个框架网页必须具有登录窗口功能。

任务要求：利用框架集技术进行设计与制作。

6.6 本章小结

本章主要介绍了关于框架网页的相关概念和创建方法，在此基础上通过导航框架、混合框架、浮动框架三大案例的详细制作过程，讲解了框架网页的制作技术。通过本章的学习，可以掌握框架网页技术基础，并深入体验 DIV+CSS 网页布局技术，为开发框架集网站打下良好的基础。

习 题

一、填空题

(1) 在框架集网页创建过程中,表示框架集的标签是_____,表示框架的标签是_____。

(2) 通过使用_____,可以在同一个浏览器窗口中显示多个页面。

(3) 一个框架有可见边框,用户可以拖动边框来改变它的大小。为了避免这种情况发生,可以在<frame>标签中加入_____。

二、选择题

(1) 要创建一个左右框架,右边框架宽度是左边框架的 2 倍,以下 HTML 语句正确的是( )。

  A. <FRAMESET cols="*,2*">
  B. <FRAMESET cols="*,3*">
  C. <FRAMESET rows="*,2*">
  D. <FRAMESET rows="*,3*">

(2) 以下关于框架显示效果的说法中,错误的是( )。

  A. 只有所有相邻框架的边框都设置为 0,才能隐藏边框
  B. 可以在 FRAME 标记符中使用 marginwidth 和 marginheight 属性控制框架内容与框架边框之间的距离
  C. 框架的边框默认可以移动
  D. 框架默认时有滚动条

(3) 要创建一个上下框架,上边框架高度占总高度的 20%,下边框架高度边框架占 80%,以下 HTML 语句正确的是( )。

  A. <FRAMESET cols="20%,80%">
  B. <FRAMESET cols="20,80">
  C. <FRAMESET rows="20%,80">
  D. <FRAMESET rows="20,80%">

(4) 在 HTML 语言中<frame noresize>的具体含义是( )。

  A. 个别框架名称   B. 定义个别框架
  C. 不可改变尺寸   D. 背景资讯

应用 jQuery

jQuery 是一个非常优秀的 JavaScript 框架,它简化了 HTML 文档操作、事件处理、动画效果和 Ajax 交互。使用简单灵活,同时还有许多成熟的插件可供选择,它还可以帮助用户在项目中加入一些非常好的效果。本章介绍的交互菜单效果和图片切换效果是常用的内容展示方式之一。

本章要点

- 掌握 jQuery 运行环境。
- 掌握利用 jQuery 实现网页中菜单的交互效果。
- 掌握利用 jQuery 实现网页中图片切换效果。

7.1 关于 jQuery

7.1.1 jQuery 的概念

jQuery 是一个兼容多浏览器的 JavaScript 框架,核心理念是 write less,do more(写得更少,做得更多)。jQuery 在 2006 年 1 月由美国人 John Resig 在纽约的 barcamp 发布,吸引了来自世界各地的众多 JavaScript 高手加入,由 Dave Methvin 率领团队进行开发。如今,jQuery 已经成为最流行的 JavaScript 框架,在世界前 1 万个访问最多的网站中,有超过 55% 在使用 jQuery。

jQuery 是免费、开源的,使用 MIT 许可协议。jQuery 的语法设计可以使开发者更加便捷。例如操作文档对象、选择 DOM 元素、制作动画效果、事件处理、使用 Ajax 以及其他功能。除此以外,jQuery 提供 API 让开发者编写插件,其模块化的使用方式使开发者可以很轻松地开发出具有一定交互和动态效果的网页。

7.1.2 jQuery 的原理与运行机制

在 Web 开发中,主要工作任务包括三部分,一是查找 DOM 元素;二是对 DOM 元素进行操作;三是浏览器的兼容问题和简化 JavaScript 的本身自带的操作。jQuery 就是从这些问题出发,把所有一切都统一在 jQuery 对象中。使用 jQuery 就是使用 jQuery 对象。jQuery 实质就是一个查询器。在查询器的基础上还提供对查找到的元素进行操作的功能,这样说来 jQuery 就是查询和操作的统一。查询是入口，操作是结果。总之，jQuery 的基本设计思想和主要用法，就是"选择某个网页元素，然后对其进行某种操作"。

jQuery 从运行机制上看，可以分成两大部分。第一部分是 jQuery 的静态方法，也可以称作实用方法或工具方法，通过 jQuery.×××()的 jQuery 命名空间直接引用。第二部分是 jQuery 的实例方法，通过 jQuery(××)或 $(××)来生成 jQuery 实例，然后通过这个实例来引用的方法。这部分的方法大多数是从采用静态方法代理来完成功能。真正的功能性的操作都在 jQuery 的静态方法中实现。jQuery 运行机制主要包括以下几个部分。

（1）网页元素查找机制。查找网页元素，包含基于 CSS 1～CSS 3 的 CSS Selector 功能，还包含其对直接查找或间接查找而扩展的一些功能。

（2）DOM 元素属性操作机制。DOM 元素可以看作 html 的标签，操作 DOM 元素的属性就是对标签的属性进行操作。这个属性操作包含增加、修改、删除、取值等。

（3）CSS 样式操作机制。CSS 是控制页面的显示的效果，操作 DOM 元素的 CSS 样式包含高度、宽度、display 等这些常用的 CSS 的功能。

（4）Ajax 异步通信实现机制。Ajax 的功能就是异步从服务器取数据然后进行相关操作。

（5）事件封装机制与解析。对 Event 的兼容做了统一的处理。

（6）动画实现机制。制作动画(Fx)效果，可以看作是 CSS 样式上的扩展。

7.1.3 jQuery 运行环境

如需使用 jQuery，只需要下载 jQuery 库，然后把它包含在希望使用的网页中。jQuery 库是一个 JavaScript 文件，使用 HTML 的<script>标签引用它即可。

1. 下载 jQuery 库

jQuery 有两个版本可供下载。Production version 用于实际的网站中，已被精简和压缩；Development version 用于测试和开发（未压缩，是可读的代码）。每个版本又分为两个版本号，1.x 和 2.x。其中，2.x 不再支持 Internet Explorer 6、7、8。

下载网址为：http://jquery.com/download/。

2. 配置 jQuery 运行环境

jQuery 运行环境配置有两种方案，一种是使用下载的 jQuery 库文件，另一种通过 CDN（内容分发网络）引用 jQuery 库文件。

（1）使用下载的 jQuery 库文件

首先，把下载的 jQuery 库文件（如 jquery-1.10.2.min.js）放到网站上一个公共的位置（如 scripts），使用时只需要引入该文件即可。

```
<head>
    <script src="./scripts/jquery-1.10.2.min.js"></script>
</head>
```

（2）通过 CDN（内容分发网络）引用 jQuery 库文件

此方案不需要下载并存放 jQuery，但需要能够连接互联网络。如果用户是国内的，建议使用百度、又拍云、新浪等国内 CDN 地址；如果用户是国外的，可以使用谷歌和微软。

```
<head>
    <script src="http://libs.baidu.com/jquery/1.10.2/jquery.min.js">
    </script>
</head>
```

3. 测试 jQuery

引入 jQuery 库文件之后，用户就可以进行 jQuery 测试了。测试的步骤很简单，在导入 jQuery 库文件的＜script＞标签行下面，重新使用＜script＞标签定义一个 JavaScript 代码段，然后就可以在＜script＞标签内调用 jQuery 方法测试了。

```
<!DOCTYPE html>
<html xmlns="http://www.w3.org/1999/xhtml">
<head>
    <meta http-equiv="Content-Type" content="text/html; charset=utf-8" />
    <script type="text/javascript" src="../script/jquery.1.10.2.js"></script>
    <title>jQuery测试</title>
</head>
<body>
<script type="text/javascript">
    $(function(){
        alert("Hi,您好!");
    });
</script>
</body>
</html>
```

在浏览器中预览该网页文件，则可以看到在当前窗口中会弹出一个提示对话框，如图 7-1 所示。

图 7-1 测试 jQuery 结果

【代码解析】

在 jQuery 库中，$ 是 jQuery 的别名，如 $()等效于 jQuery()。jQuery()函数是 jQuery 库文件的接口函数，所有 jQuery 操作都必须从该接口函数切入。jQuery()函数相当于页面初始化事件处理函数，当页面加载完毕，会执行 jQuery()函数包含的函数，所以当浏览该页面时，会执行"alert("Hi,您好!");"代码，然后将看到弹出的信息提示对话框。

7.2 利用 jQuery 设计网站导航

网站导航的设计是关于链接的设计。它约定了站点上网页和内容的重要性以及关联性。这需要在网页信息之间建立富有意义的关系式进行判断。综合起来，导航的元素不仅决定了用户是否能找到要寻找的信息，还决定了用户如何体验那些信息。菜单样式是网站导航的基本表现形式之一，菜单形式的网站导航适合放在页眉部分。主要应用到 HTML 中的＜div＞标记和＜ul＞＜li＞配合使用，再加上 jQuery 实现动态效果。

7.2.1 制作普通下拉菜单

普通下拉菜单是最常见的菜单形式。该形式主要用于表达整个网站的站点地图。这种下拉菜单是获取鼠标指针是否通过顶层菜单来实现其效果。

【知识基础】

制作此种菜单应用到的 jQuery 函数主要有：ready()、hide()、show()、css()、hover()、addClass()、removeClass() 和 find() 等，如表 7-1 所示。

表 7-1 下拉菜单制作 jQuery 函数表

函数名	功 能	使 用 格 式	描 述
ready()	使用 ready() 来使函数在文档加载后是可用的	$(document).ready(function(){...});	所有 jQuery 函数位于一个 document ready 函数中
hide()	使用 hide() 方法来隐藏 HTML 元素	$(selector).hide(speed,callback);	可选的 speed 参数规定隐藏/显示的速度，可以取以下值：slow、fast 或毫秒。可选的 callback 参数是隐藏或显示完成后所执行的函数名称
show()	使用 show() 方法来显示 HTML 元素	$(selector).show(speed,callback);	
css()	设置或返回被选元素的一个或多个样式属性	$(selector).css("property-name","value"); $(selector).css("property-name");	设置或返回被选元素的一个或多个样式属性
hover()	用于模拟光标悬停事件	$(selector).hover(over,out);	当鼠标移动到元素上时，会触发指定的第一个函数（mouseenter）；当鼠标移出这个元素时，会触发指定的第二个函数（mouseleave）
addClass()	向被选元素添加一个或多个类名	$(selector).addClass(classname)	该方法仅仅添加一个或多个类名到 class 属性
removeClass()	从被选元素移除一个或多个类	$(selector).removeClass(classname)	如果没有规定参数，则该方法将从被选元素中删除所有类
find()	返回被选元素的后代元素	$(selector).find(filter)	该方法沿着 DOM 元素的后代向下遍历，直至最后一个后代的所有路径（<html>）

【任务实施】

案例 制作普通下拉菜单。

任务 1 编写网页结构（文件名为 sample7_2_1.html）。

```
<div id="header">
    <div class="nav">
        <ul class="menulist">
            <li id="n0"><a href="default.htm" >首页</a></li>
```

```html
            <li><a href='#'>新闻</a>
                <ul>
                    <li><a href="#">新浪快讯</a></li>
                    <li><a href="#">国内新闻</a></li>
                    <li><a href="#">军事快讯</a></li>
                </ul>
            </li>
            <li ><a href='#'>信息</a>
                <ul>
                    <li><a href="#">数码信息</a></li>
                    <li><a href="#">教育信息</a></li>
                    <li><a href="#">购车信息</a></li>
                    <li><a href="#">购房信息</a></li>
                    <li><a href="#">手机资讯</a></li>
                </ul>
            </li>
            <li ><a href='#'>商家</a>
                <ul>
                    <li><a href="#">淘宝卖家</a></li>
                    <li><a href="#">亚马逊</a></li>
                </ul>
            </li>
            <li ><a href='#'>社区</a>
                <ul>
                    <li><a href="#">淘宝社区</a></li>
                    <li><a href="#">亚马逊社区</a></li>
                    <li><a href="#">腾讯社区</a></li>
                </ul>
            </li>
            <li ><a href='#'>团购</a>
                <ul>
                    <li><a href="#">办公设备</a></li>
                    <li><a href="#">健康食品</a></li>
                </ul>
            </li>
        </ul>
    </div>
</div>
```

任务 2 编写 CSS 样式文件(文件名为 layout.css)。

```css
* {margin: 0px;padding: 0px;}
div.nav {
    line-height: 36px;
    background-color: #333;
    height: 36px;
```

```css
    width: 960px;
    margin-right: auto;
    margin-left: auto;
    color: #FFF;
    z-index: -1;
}
div.nav a {
    color: #999;
    text-decoration: none;
    display: block;
    float: left;
    text-align: center;
    padding-right: 5px;
    padding-left: 5px;
    width: 100px;
}
div.nav ul li ul li {
    line-height: 28px;
    height: 28px;
}
div.nav ul {
    float: left;
    list-style-type: none;
    z-index: 20;
}
div.nav ul li {
    float: left;
    margin-bottom: 5px;
    min-width: 65px;
    _width: 65px;
    width: 110px;
}
div.nav ul li a:hover {
    color: #F90;
    background-color: #CCC;
    padding-right: 5px;
    padding-left: 5px;
}
.on{
    background-color: #666;
}
div.nav ul li ul{
    display:none;
}
```

任务3 编写 jQuery 代码(文件名为 base.js)。

```javascript
$(document).ready(function(){
    menu();         //头部导航链接样式
});
//头部导航链接样式
function menu(){
    //导航栏目
    $(".nav>ul>li:not(#n0)").hover(function(){
        //鼠标移动该栏目
        $(".nav>ul>li:not(#n0)").removeClass("on");
        $(this).addClass("on");
        $(this).find("ul").show();
    },function(){
        //鼠标离开该栏目
        $(this).removeClass("on");
        $(this).find("ul").hide();
    });
}
```

任务4 在浏览器中进行测试,结果如图 7-2 所示。

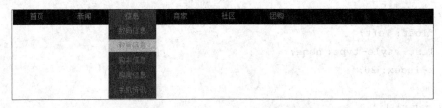

图 7-2 普通下拉菜单效果图

7.2.2 制作级联菜单

级联菜单的实现原理与上面的下拉菜单类似,主要是获取到顶层菜单后模拟顶层菜单的鼠标悬停与离开事件,并设置下层菜单的可见状态来完成制作效果。

【知识基础】

制作此种菜单应用到的 jQuery 函数 ready()、css()、hover()、find()、show()(解释如表 7-1 所示)。另外,还要用到 jQuery 属性:first,如表 7-2 所示。

表 7-2 级联菜单制作 jQuery 函数及属性表

函数名	功能	使用格式	描述
:first	选择第一个元素	$(":first")	选择第一个元素

【任务实施】

案例 制作级联菜单。

任务 1 编写网页结构(文件名为 sample7_2_2.html)。

```html
<ul id="nav">
    <li><a href="#">1 HTML</a></li>
    <li><a href="#">2 CSS</a></li>
    <li><a href="#">3 JavaScript </a>
        <ul>
            <li><a href="#">3.1 jQuery</a>
                <ul>
                    <li><a href="#">3.1.1 Download</a></li>
                    <li><a href="#">3.1.2 Tutorial</a></li>
                </ul>
            </li>
            <li><a href="#">3.2 Mootools</a></li>
            <li><a href="#">3.3 Prototype</a></li>
        </ul>
    </li>
</ul>
```

任务 2 编写 CSS 样式文件(文件名为 main.css)。

```css
@charset "utf-8";
body {
    font-size: 0.85em;
    font-family: Verdana, Arial, Helvetica, sans-serif;
}
#nav, #nav ul {
    margin: 0;
    padding: 0;
    list-style-type: none;
    list-style-position: outside;
    position: relative;
    line-height: 1.5em;
}
#nav a {
    display: block;
    padding: 0px 5px;
    border: 1px solid #333;
    color: #fff;
    text-decoration: none;
    background-color: #F60;
}
#nav a:hover {
    background-color: #fff;
    color: #333;
}
```

```css
#nav li {
    float: left;
    position: relative;
}
#nav ul {
    position: absolute;
    display: none;
    width: 12em;
    top: 1.5em;
}
#nav li ul a {
    width: 12em;
    height: auto;
    float: left;
}
#nav ul ul {
    top: auto;
}
#nav li ul ul {
    left: 12em;
    margin: 0px 0 0 10px;
}
```

任务 3　编写 jQuery 代码（文件名为 dropmenu.js）。

```javascript
//级联菜单制作
function mainmenu(){
$(" #nav ul ").css({display: "none"}); // Opera Fix
$(" #nav li").hover(function(){
    $(this).find('ul:first').css({visibility: "visible"}).show(400);
    },function(){
    $(this).find('ul:first').css({visibility: "hidden"});
    });
}
$(document).ready(function(){
    mainmenu();
});
```

任务 4　在浏览器中进行测试，结果如图 7-3 所示。

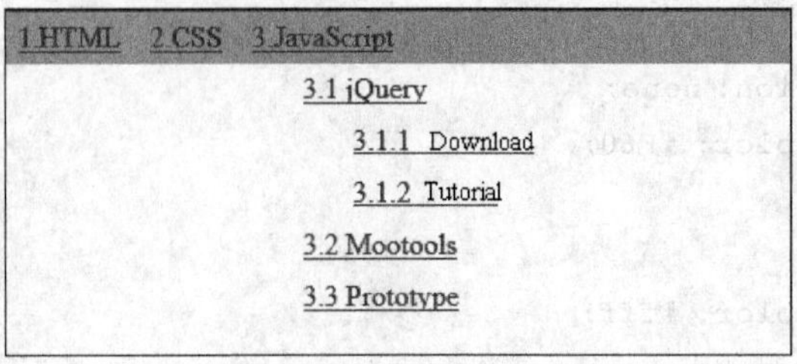

图 7-3　级联菜单效果图

7.3 利用 jQuery 设计 Tab 选项卡

在网页设计中经常使用 Tab 标签切换的方式来展示网页内容,这样做有两点好处:节约了网页空间而展示了更多的内容;将不同分类的内容放在不同标签下,结构清晰。下面介绍两款通过 jQuery 实现 Tab 标签效果的示例。

7.3.1 横向选项卡设计

【知识基础】

制作横向选项卡应用到的 jQuery 函数 ready()、css()、hover()、find()、show()、index()和 eq()等,index()和 eq()的使用说明如表 7-3 所示。

表 7-3 横向选项卡制作 jQuery 函数及属性表

函数名	功 能	使用格式	描 述
index()	返回指定元素相对于其他指定元素的 index 位置	$(selector).index()	元素的 index,相对于选择器
eq()	选择器选取带有指定 index 值的元素	$(":eq(index)")	index 值从 0 开始,所有第一个元素的 index 值是 0(不是 1)

【任务实施】

案例 制作横向选项卡。

任务 1 编写网页结构(文件名为 sample7_3_1.html)。

```
<div id="buyact" class="row790">
    <div class="thead">
        <h2>急购进行时……</h2>
        <ul class="tab0">
            <li class="index"><span>新品闪购</span></li>
            <li><span>尾品处理</span></li>
            <li><span>限时抢购</span></li>
            <li><span>新品上架</span></li>
        </ul>
    </div>
    <div class="tbody">
        <div class="block"><img src="images/A0.JPG" /></div>
        <div class="none"><img src="images/B0.JPG" /></div>
        <div class="none"><img src="images/C0.JPG" /></div>
        <div class="none"><img src="images/D0.JPG" /></div>
    </div>
    <div id="footer">为演示和学习方便,内容区使用图片</div>
</div>
<script type="text/javascript" src="script/tab1.js"></script>
```

任务 2 编写 CSS 样式文件（文件名为 tab.css）。

```css
@charset "utf-8";
/* CSS Document */
* {margin: 0px;padding: 0px;}
#buyact {
    width: 758px;
    height: 32px;
    margin-top: 15px;
    margin-right: auto;
    margin-left: auto;
}
div.thead {
    float: left;
}
div.thead ul {
    float: left;
    list-style-type: none;
    line-height: 32px;
    height: 32px;
}
div.thead ul li {
    float: left;
    height: 32px;
    width: 122px;
    color: #FFF;
    text-align: center;
    margin-right: 5px;
    margin-left: 5px;
    cursor: pointer;
    background-color: #666;
}
.none {
    display: none;
}
.block {
    display: block;
}
.tab0 li.index {
    color: #FFF;
    background-color: #BC241A;
    font-weight: bolder;
}
#buyact .thead .tab0 {
    margin-left: 180px;
}
```

任务 3　编写 jQuery 代码（文件名为 tab.js）。

```
$(document).ready(function(){
    tab();
});
function tab(){
    var _obj =$("#buyact").find(".tab0>li");
    $(_obj).click(function(){
        var _ID =$(_obj).index(this);
        $(_obj).removeClass();
        $(this).addClass("index");
        $("#buyact").find(".tbody>div").removeClass().addClass("none");
        $("#buyact").find(".tbody>div:eq("+_ID +")").removeClass().addClass("block");
    });
}
```

任务 4　在浏览器中进行测试，结果如图 7-4 所示。

图 7-4　横向选项卡效果图

7.3.2　纵向选项卡设计

【知识基础】

制作纵向选项卡应用到的 jQuery 函数 ready()、css()、hover()、find()、not(index)、siblings()、eq(index)、fadeIn()等，部分函数使用说明如表 7-4 所示。

表 7-4　纵向选项卡制作 jQuery 函数及属性表

函数名	功　　能	使 用 格 式	描　　述
not(index)	从匹配元素集合中删除元素	.not(element)	一个或多个需要从匹配集中删除的 DOM 元素

续表

函数名	功 能	使用格式	描 述
siblings()	获得匹配集合中每个元素的同胞,通过选择器进行筛选是可选的	.siblings(selector)	selector 字符串值,包含用于匹配元素的选择器表达式
eq(index)	将匹配元素集缩减值指定 index 上的一个	.eq(index)	index 整数,指示元素的位置(最小为 0);如果是负数,则从集合中的最后一个元素往回计数
fadeIn()	用于淡入已隐藏的元素	$(selector).fadeIn(speed,callback)	可选的 speed 参数规定效果的时长,它可以取以下值:slow、fast 或毫秒;可选的 callback 参数是 fading 完成后所执行的函数名称

【任务实施】

案例　制作纵向选项卡。

任务 1　编写网页结构(文件名为 sample7_3_2.html)。

```
<div id="ad">
    <ul id="tab_left">
        <li><a href="#">步行鞋</a></li>
        <li><a href="#">小家电</a></li>
        <li><a href="#">机械表</a></li>
        <li id="tab_left_4" ><a href="#">食品</a></li>
    </ul>
    <ul id="tab_con">
        <li><img src="images/m1.jpg"/></li>
        <li><img src="images/m2.jpg" width="810"/></li>
        <li><img src="images/m3.jpg"/></li>
        <li><img src="images/m4.jpg"/></li>
    </ul>
</div>
```

任务 2　编写 CSS 样式文件(文件名为 tab2.css)。

```
* {margin: 0px;padding: 0px;}
#tab_left {
    width: 180px;
    height: 380px;
    z-index: 20;
    float: left;
}
#tab_left li {
    list-style-type: none;
    font-size: 20px;
    text-align: center;
```

```
    border-top: 1px solid #ccc;
}
#tab_left li a {
    color: #000;
    text-decoration: none;
    line-height: 60px;
    height: 60px;
    display: block;
    border-left: 1px solid #ccc;
    background-color: #FFF;
}
#tab_left li a:hover {
    text-decoration: none;
    background-color: #FF3300;
    line-height: 60px;
}
#tab_con {
    width: 780px;
    height: 380px;
    overflow: hidden;
    float: left;
    z-index: 10;
}
#tab_con li {
    float: left;
}
#ad {
    width: 960px;
    margin: 0 auto;
    margin-top: 40px;
    border: 1px solid #999;
}
```

任务 3 编写 jQuery 代码(文件名为 tab2.js)。

```
$(function(){
    var tabi=$("#tab_left").find("li");
    var coni=$("#tab_con").find("li");
    tabi.hover(function(){
        var index=tabi.index(this);
        coni.not(index).siblings().hide()
        coni.eq(index).fadeIn();
    });
});
```

任务 4 在浏览器中进行测试,结果如图 7-5 所示。

图 7-5 纵向选项卡效果图

7.4 利用 jQuery 设计图片效果

图片是指由图形、图像等构成的平面媒体,是传达信息的主要载体。为了使图片最大限度地吸引用户,需要为图片添加各种各样的动态效果。

7.4.1 制作图片切换效果

图片切换效果是常见的图片效果使用技术之一。其原理是利用 jQuery 的淡入效果或其他自定义效果用待显示的图片覆盖现在正在显示的图片。

【知识基础】

利用 jQuery 实现淡入图片切换效果,需要使用到函数包括 ready()、mouseover()、addClass()、removeClass()、attr()、siblings()、eq(index)、fadeIn()。部分函数的使用方法如表 7-5 所示。

表 7-5 淡入图片切换效果制作 jQuery 函数及属性表

函数名	功能	使用格式	描述
attr()	从匹配元素集合中删除元素	.not(element)	一个或多个需要从匹配集中删除的 DOM 元素
siblings()	获得匹配集合中每个元素的同胞,通过选择器进行筛选是可选的	.siblings(selector)	selector 字符串值,包含用于匹配元素的选择器表达式
eq(index)	将匹配元素集缩减值指定 index 上的一个	.eq(index)	index 整数,指示元素的位置(最小为 0);如果是负数,则从集合中的最后一个元素往回计数
fadeIn()	用于淡入已隐藏的元素	$(selector).fadeIn(speed,callback)	可选的 speed 参数规定效果的时长。它可以取以下值:slow、fast 或毫秒。可选的 callback 参数是 fading 完成后所执行的函数名称

【任务实施】

案例　制作图片切换效果。

任务1　编写网页结构（文件名为 sample7_4_1.html）。

```html
<body>
    <div id="content">
        <ul class="img">
            <li ><a href="#"><img src="images/m1.jpg" width="760" height="480" /></a></li>
            <li ><a href="#"><img src="images/m2.jpg" width="760" height="325" /></a></li>
            <li ><a href="#"><img src="images/m3.jpg" width="760" height="480" /></a></li>
            <li ><a href="#"><img src="images/m4.jpg" width="760" height="480" /></a></li>
        </ul>
        <ul class="imgid">
            <li class="active">1</li>
            <li >2</li>
            <li >3</li>
            <li >4</li>
        </ul>
    </div>
</body>
```

任务2　编写 CSS 样式文件（文件名为 imgcut.css）。

```css
* {margin: 0px;padding: 0px;}
#content {
    height: 480px;
    width: 760px;
    margin-right: auto;
    margin-left: auto;
    margin-top: 30px;
    border: 1px solid #999;
}
#content ul li {
    float: left;
}
#content ul.img {
    z-index: 1;
    float: left;
    height: 480px;
    width: 760px;
    overflow: hidden;
}
```

```css
#content ul.imgid {
    z-index: 40;
    float: left;
    list-style-type: none;
    background-color: #C90;
    position: relative;
    bottom: 50px;
    height: 24px;
    line-height: 24px;
    width: 760px;
    text-align: right;
}
#content .imgid li {
    float: left;
    height: 20px;
    width: 20px;
    background-color: #FFF;
    margin-right: 5px;
    margin-left: 5px;
    color: #F00;
    text-align: center;
    line-height: 20px;
    font-weight: bolder;
    font-size: 16px;
    border: 1px solid #F00;
}

#content .imgid .active {
    font-size: 16px;
    font-weight: bolder;
    color: #FFF;
    background-color: #F30;
    border: 1px solid #FFF;
}
```

任务3 编写 jQuery 代码（文件名为 imgcut.js）。

```javascript
$(function(){
    $('.imgid li').mouseover(function(){
        $(this).addClass("active").siblings().removeClass("active");
        var i=$('.imgid li').index(this);
        $('.img li').not(i).siblings().hide();
        $('.img li').eq(i).fadeIn(1000);
    });
});
```

任务4 在浏览器中进行测试，结果如图 7-6 所示。

图 7-6　图片切换效果图

7.4.2　制作图片滚动效果

图片滚动效果主要有垂直滚动和水平滚动两种效果。本节主要介绍水平滚动效果的制作。

【知识基础】

图片水平滚动效果的制作原理是利用 jQuery 的 scrollLeft()函数不断修改水平滚动条的偏移量,使相对原有位置发生偏移,从而产生滚动效果。jQuery 还有一个函数 scrollTop(),它的作用是垂直滚动。图片水平滚动效果的制作还将涉及的函数有 ready()、html()、width()、scrollLeft()、hover()和 JavaScript 函数 clearInterval()、setInterval()等,部分函数的使用方法如表 7-6 所示。

表 7-6　图片滚动效果制作 jQuery 函数及属性表

函 数 名	功　　能	使 用 格 式	描　　述
html()	返回或设置被选元素的内容(inner HTML)	$(selector).html()	如果该方法未设置参数,则返回被选元素的当前内容
width()	返回或设置匹配元素的宽度	$(selector).width()	如果不为该方法设置参数,则返回以像素计的匹配元素的宽度
scrollLeft()	返回或设置匹配元素的滚动条的水平位置	$(selector).scrollLeft()	滚动条的水平位置指的是从其左侧滚动过的像素数,当滚动条位于最左侧时,位置是 0
scrollTop()	返回或设置匹配元素的滚动条的垂直位置	$(selector).scrollTop(offset)	该方法对于可见元素和不可见元素均有效
clearInterval()	可取消由 setInterval()设置的 timeout	clearInterval(id_of_setinterval)	id_of_setinterval 由 setInterval()返回的 ID 值
setInterval()	可按照指定的周期(以毫秒计)来调用函数或计算表达式	setInterval(code,millisec[,"lang"])	code,必需的,要调用的函数或要执行的代码串;millisec,必需的,周期性执行或调用 code 之间的时间间隔,以毫秒计

【任务实施】

案例 制作图片水平滚动效果。

任务1 编写网页结构(文件名为sample7_4_2.html)。

```
<!DOCTYPE html>
<html xmlns="http://www.w3.org/1999/xhtml">
    <head>
        <meta http-equiv="Content-Type" content="text/html; charset=utf-8" />
        <title>图片水平滚动效果的制作</title>
        <link rel="stylesheet" type="text/css" href="css/marquee.css"/>
        <script type="text/javascript" src="script/jquery.1.10.2.js"></script>
    </head>
    <body>
        <div id="main">
            <div id="in" style="width:300%;">
                <div id="p1">
                    <a href="#"><img src="images/pic1.jpg" /></a>
                    <a href="#"><img src="images/pic2.jpg" /></a>
                    <a href="#"><img src="images/pic3.jpg" /></a>
                    <a href="#"><img src="images/pic4.jpg" /></a>
                    <a href="#"><img src="images/pic5.jpg" /></a>
                </div>
                <div id="p2"></div>
            </div>
        </div>
        <script type="text/javascript" src="script/imgmarquee.js"></script>
    </body>
</html>
```

任务2 编写CSS样式文件(文件名为marquee.css)。

```
* {margin: 0px;padding: 0px;}

#main {
    width: 500px;
    margin-right: auto;
    margin-left: auto;
    overflow: hidden;
    border: 1px solid #666;
}

img {
    float: left;
    height: 80px;
```

```css
    width: 100px;
    margin-right: 8px;
}
#in div {
    float: left;
}
```

任务3 编写 jQuery 代码(文件名为 imgmarquee.js)。

```javascript
var timer;
//构建滚动区域
$("#p2").html($("#p1").html());
var imgMarquee=function(){
    if($("#main").scrollLeft()>=$("#p1").width()){      //判断滚动条是否超长
        $("#main").scrollLeft(0);
    }else{
        $("#main").scrollLeft($("#main").scrollLeft()+1);  //改变滚动条偏移量
    }
};
var timer=window.setInterval("imgMarquee();",20);         //连续滚动
$("#main").hover(
    function(){
        clearInterval(timer);                              //停止滚动
    },
    function(){
        timer=setInterval(imgMarquee,20);                  //继续滚动
    })();
```

任务4 在浏览器中进行测试,结果如图 7-7 所示。

图 7-7 图片水平滚动效果

7.5 任务拓展

任务 图片预览的制作。

任务描述：当页面加载完成后显示小图片,但当将鼠标放在小图片上就会出现相应的大图片,鼠标从小图片上移开后大图也随之消失。

任务要求：利用 jQuery 完成此任务,使用图片自选。

7.6 本章小结

本章通过介绍 jQuery 的概念、原理与运行机制和运行环境。重点是应用 jQuery 实现菜单、Tab 选项卡和图片显示效果的设计与制作。难点是如何控制元素的切换及其效果。通过本章学习将为网站前端设计奠定一定的知识和技术基础。

习　题

(1) 利用 jQuery 实现网站垂直导航栏设计。

(2) 利用 jQuery 实现图片动态弹出效果设计。具体要求是先将图片隐藏起来,等用户需要显示的时候(如鼠标悬停在文字链接上时)再动态弹出,此效果多用于商业网站。

(3) 利用 jQuery 实现图片垂直滚动效果设计。

移动产品网页设计

jQuery Mobile 是一种 Web 框架,用于创建移动 Web 应用程序,是 jQuery 在手机和平板电脑设备上的版本,支持全球主流的移动平台。通过 jQuery Mobile 能够非常容易实现移动产品网页的设计与制作。

本章要点

- 了解 jQuery Mobile。
- 创建一个移动产品网站。
- 网站导航栏设计。
- 使用布局网格。
- 创建列表视图。
- 表单设计。

8.1 了解 jQuery Mobile

8.1.1 关于 jQuery Mobile

jQuery Mobile 是一种 Web 框架,用于创建移动 Web 应用程序,是 jQuery 在手机和平板电脑设备上的版本。jQuery Mobile 不仅会给主流移动平台带来 jQuery 核心库,而且会发布一个完整统一的 jQuery 移动 UI 框架,支持全球主流的移动平台。

jQuery Mobile 以"Write Less, Do More"作为目标,为所有的主流移动操作系统平台提供了高度统一的 UI 框架;jQuery 的移动框架可以为所有流行的移动平台设计一个高度定制和品牌化的 Web 应用程序,而不必为每个移动设备编写单独的应用程序或操作系统。

jQuery Mobile 目前支持的移动平台有苹果公司的 iOS(iPhone、iPad、iPod Touch)、Android、BlackBerry OS 6.0、惠普 WebOS、Mozilla 的 Fennec、Opera Mobile。今后,将增加包括 Windows Mobile、Symbian、MeeGo 在内的更多移动平台。

根据 jQuery Mobile 项目网站,目前 jQuery Mobile 的特性包括以下几方面。

jQuery 核心:与 jQuery 桌面版一致的 jQuery 核心和语法,以及最小的学习曲线。

兼容所有主流的移动平台:包括 iOS、Android、BlackBerry、Palm WebOS、Symbian、Windows Mobile、BaDa、MeeGo 以及所有支持 HTML 的移动平台。

轻量级：Alpha 版本的 jQuery Mobile 其 JavaScript 大小仅为 12KB，CSS 文件也只有 6KB 大小。

标记驱动的配置：jQuery Mobile 采用完全的标记驱动而不需要 JavaScript 的配置。

渐进增强：jQuery Mobile 采用完全的渐进增强原则。通过一个全功能的 HTML 网页，和额外的 JavaScript 功能层，提供顶级的在线体验。这意味着即使移动浏览器不支持 JavaScript，基于 jQuery Mobile 的移动应用程序仍能正常地使用。

自动初始化：通过使用 mobilize() 函数自动初始化页面上的所有 jQuery 部件。

无障碍：包括 WAI-ARIA 在内的无障碍功能以确保页面能在类似于 VoiceOver 等语音辅助程序和其他辅助技术下正常使用。

简单的 API：为用户提供鼠标、触摸和光标焦点简单的输入法支持。

强大的主题化框架：jQuery Mobile 提供强大的主题化框架和 UI 接口。

8.1.2 安装 jQuery Mobile

如果在浏览器中正常运行一个 jQuery Mobile 移动应用页面，需要安装 jQuery Mobile。主要包含 3 个文件。分别为 jquery-1.8.3.min.js、jquery.mobile-1.3.2.min.js、jquery.mobile-1.3.2.min.css。其中，jquery-1.8.3.min.js 为主框架插件文件；jquery.mobile-1.3.2.min.js 为 jQuery Mobile 框架插件文件；jquery.mobile-1.3.2.min.css 为 jQuery Mobile 框架附加的 CSS 样式表文件。

以上 jQuery Mobile 插件文件版本很多，读者可以有多个办法在网站上使用 jQuery Mobile。可以从 CDN 引用 jQuery Mobile，也可以从 jQuerymobile.com 网站下载 jQuery Mobile 库。

1. 从 CDN 引用 jQuery Mobile

CDN(Content Delivery Network)用于通过 Web 来分发常用的文件，以此加快用户的下载速度。与 jQuery 类似，无须在计算机上安装任何程序；只需直接在 HTML 页面中引用以下样式表和 JavaScript 库，jQuery Mobile 就可以工作了。

```
<link rel="stylesheet" href="http://code.jquery.com/mobile/1.4.4/jquery.mobile-1.4.4.min.css" />
<script src="http://code.jquery.com/jquery-1.11.1.min.js"></script>
<script src="http://code.jquery.com/mobile/1.4.4/jquery.mobile-1.4.4.min.js"></script>
```

通过 URL 加载 jQuery Mobile 插件的方式使版本更新更加及时，但由于是通过 jQuery CDN 服务器请求的方式进行页面加载，在执行页面时必须保证网络畅通，否则不能实现 jQuery Mobile 移动页面的效果。

2. 下载 jQuery Mobile

如果希望在服务器上存放 jQuery Mobile，可以从 jQuerymobile.com 网站上下载文件，如图 8-1 所示。

```
<link href="jquery-mobile/jquery.mobile-1.4.4.min.css" rel="stylesheet" type="text/css" />
```

```
<script src="jquery-mobile/jquery-1.4.4.min.js" type="text/javascript">
</script>
<script src="jquery-mobile/jquery.mobile-1.4.4.min.js" type="text/javascript"></script>
```

将下载的文件复制到网站文件夹中即可。

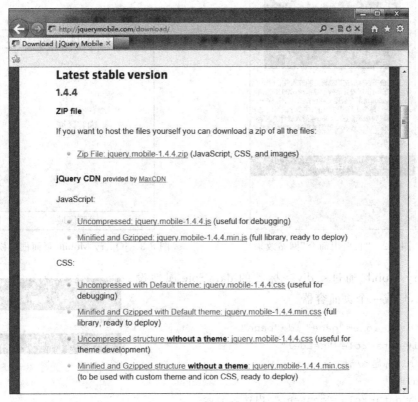

图 8-1　下载 jQuery Mobile 插件

8.2　创建第一个移动产品网站

上节介绍了关于 jQuery Mobile 的概念、特征，介绍了如何下载安装 jQuery Mobile。在本节将系统介绍页面的基本结构，完成第一个移动网站。

8.2.1　制作单容器页面结构网站

制作一个介绍长白山的网站，页面中包括一幅自动缩放图片和一段介绍长白山的文字。如图 8-2 所示。

【知识基础】

页面的结构对网站维护和用户体验尤为重要。页面布局直接决定了整体的用户体验。jQuery Mobile 应用了 HTML 5 标准的特性，有一个基本的页面框架模型，如图 8-3 所示。

在该框架模型中,任何一个页面基本上都是由页眉、内容、页脚三部分构成。

图 8-2 "长白山简介"网站效果

图 8-3 jQuery Mobile 页面框架模型

jQuery Mobile 通过＜div＞标签的 data-role 属性设置为 page,形成一个页面容器。

```
<div data-role="page" id="page">
  <div data-role="header">
    <h1>标题</h1>
  </div>
  <div data-role="content">内容</div>
  <div data-role="footer">
    <h1>页脚</h1>
  </div>
</div>
```

通过浏览器查看页面效果,如图 8-4 所示。

在这个容器中,直接的子节点就是 data-role。属性为 header、content、footer 的 3 个子容器,分别描述为"标题"、"内容"、"页脚"部分,用于容纳不同的页面内容。详细的 data-role 属性设置如表 8-1 所示。

图 8-4 单容器页面结构

表 8-1 data-role 属性值说明

属性值	说　　明
page	页面容器,其内部的 mobile 元素将会继承这个容器上所设置的属性
header	页面标题容器,这个容器内部可以包含文字、返回按钮、功能按钮等元素

续表

属性值	说　　明
footer	页面页脚容器，这个容器内部也可以包含文字、返回按钮、功能按钮等元素
content	页面内容容器，这是一个很宽容的容器，内部可以包含标准的 html 元素和 jQuery Mobile 元素
controlgroup	将几个元素设置成一组，一般是几个相同的元素类型
fieldcontain	区域包裹容器，用增加边距和分割线的方式将容器内的元素和容器外的元素明显分隔
navbar	功能导航容器，通俗地讲就是工具条
listview	列表展示容器，类似手机中联系人列表的展示方式
list-divider	列表展示容器的表头，用来展示一组列表的标题，内部不可包含链接
button	按钮，将链接和普通按钮的样式设置成为 jQuery Mobile 的风格
none	阻止框架对元素进行渲染，使元素以 html 原生的状态显示，主要用于 form 元素

【任务实施】

案例　制作单容器网站页面。

任务 1　添加页面容器，并设置页面标题和页脚。

```
<!doctype html>
<html>
  <head>
    <meta charset="utf-8">
    <meta name="viewport" content="width=device-width; initial-scale=1.0; />
    <title>单页面结构网页</title>
    <link href="jquery-mobile/jquery.mobile-1.0.min.css" rel="stylesheet" type="text/css">
    <script src="jquery-mobile/jquery-1.6.4.min.js" type="text/javascript">
    </script>
    <script src="jquery-mobile/jquery.mobile-1.0.min.js" type="text/javascript">
    </script>
  </head>
  <body>
    <div data-role="page" id="page">
      <div data-role="header">
        <h2>长白山</h2>
      </div>
      <div data-role="content">
      </div>
      <div data-role="footer">
        <h4>长白山旅游</h4>
      </div>
    </div>
```

```
    </body>
</html>
```

任务 2 编写页面内容。

```
<div data-role="content">
    <p class="img_center"><img src="img/0.jpg"></p>
    <p>长白山位于吉林省东南部延边朝鲜族自治州安图县和白山市抚松县境内,绵延约1000公里,总面积8000余平方公里,亦作白头山,号称"东北屋脊",是中朝两国的界山、中华十大名山之一、国家5A级风景区,1980年列入联合国国际生物圈保护区,1986年被国务院批准为国家级自然保护区。</p>
</div>
```

任务 3 添加 CSS 样式。

在整个页面布局中,要求图片居中对齐,所以创建一个 style 样式表,将页面中所有图片宽度改变为 90%,设置图片居中对齐,并根据浏览器分辨率自动缩放。

```
<style type="text/css">
img {
    width: 90%;
}
.img_center{
    text-align:center;
}
</style>
```

任务 4 浏览测试。页面效果如图 8-2 所示。

8.2.2 制作多容器页面结构网站

制作一个介绍长白山景点的网站,如图 8-5 所示。该网站由一个主页面和两个子页面构成。在主页面中,单击"长白山天池"链接,跳转进入"长白山天池"子页面。在子页面中单击"返回"链接,返回到主页面。单击"长白大瀑布"链接,亦是如此。

【知识基础】

1. 多容器页面

通过<div>标签的 data-role 属性设置为 page,形成一个页面容器。在文档中,允许通过添加多个 data-role 属性为 page 的<div>标签,形成多容器页面结构。

容器之间各自独立,通过唯一的 id 属性值进行区分。页面加载时,以堆栈的方式同时加载。容器访问时,以内部"#"链接对应的 id 的方式进行设置。

```
<a href="#容器id值">链接容器</a>
```

单击链接时,jQuery Mobile 将在页面文档中寻找对应 id 的容器,以过渡效果切换到该容器中,实现容器间内容的访问。

```
<div data-role="page" id="page">
```

图 8-5 "长白山景点"网站页面效果

```
<div data-role="header">
    <h1>主容器</h1>
</div>
<div data-role="content">
    <ul data-role="listview">
        <li><a href="#page2">子容器</a></li>
    </ul>
</div>
<div data-role="footer">
    <h4>页脚</h4>
</div>
</div>
<div data-role="page" id="page2">
    <div data-role="header">
        <h1>子容器</h1>
    </div>
    <div data-role="content">
        内容
    </div>
    <div data-role="footer">
        <h4>页脚</h4>
    </div>
</div>
```

通过浏览器,可以看到主容器的内容,并显示其余一个子容器的链接,如图 8-6 所示。在主页面容器中单击"子容器"链接,即可浏览子容器的内容。

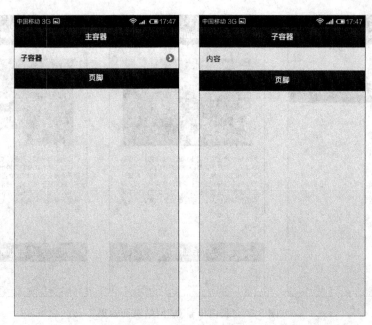

图 8-6　多容器页面结构

2. 页面过渡

jQuery Mobile 拥有一系列关于如何从一页过渡到下一页的效果。可以为页面切换时提供过渡效果。

如需实现过渡效果,浏览器必须支持 CSS3 3D 转换。目前浏览器中仅 Internet Explorer 10 支持 3D 转换,较早的版本不支持。

过渡效果可应用于任意链接或通过使用 data-transition 属性进行的表单提交。

```
<a href="#anylink" data-transition="slide">滑动到页面二</a>
```

表 8-2 展示了可与 data-transition 属性一同使用的可用过渡。

表 8-2　data-transition 属性值说明

属性值	描　　述	属性值	描　　述
fade	默认,淡入淡出到下一页	slidefade	从右向左滑动并淡入到下一页
flip	从后向前翻动到下一页	slideup	从下到上滑动到下一页
flow	抛出当前页面,引入下一页	slidedown	从上到下滑动到下一页
pop	像弹出窗口那样转到下一页	turn	转向下一页
slide	从右向左滑动到下一页	none	无过渡效果

在 jQuery Mobile 中,淡入淡出效果在所有链接上都是默认的。以上所有效果同时支持反向动作。例如,如果希望页面从左向右滑动,请使用值为"reverse"的 data-direction 属性。

3. 后退链接

在网页浏览中,单击链接后,切换到另外一个页面,再返回到上一页面,称为后退链接。

在 jQuery Mobile 中，主要通过在容器中设置 data-add-back-btn 属性值为 true，或者是添加 <a> 标签，并设置 data-rel 属性为 back，实现后退到上一页效果。

```
<div data-role="page" id="page" data-add-back-btn="true">
    <div data-role="header">
        <h1>标题</h1>
    </div>
    <div data-role="content">内容</div>
    <div data-role="footer">
        <h4>页脚</h4>
    </div>
</div>
```

浏览网页，单击页面中的 Back 或 "返回"链接，即可返回到上一页。如图 8-7 所示。

如果添加了 data-rel="back" 属性给某个链接，那对于该链接的任何单击行为，都是后退的行为，会无视链接的 href 属性，后退到浏览器历史的上一个地址。

图 8-7 后退链接

【任务实施】

案例　制作长白山景点赏析网站页面。

任务 1　编写主容器页面代码。

```
<div data-role="page" id="page">
    <div data-role="header">
        <h1>长白山</h1>
    </div>
    <div data-role="content">
        <ul data-role="listview">
            <li><a href="#page2" data-transition="pop">长白山天池</a></li>
            <li><a href="#page3" data-transition="pop">长白大瀑布</a></li>
        </ul>
    </div>
    <div data-role="footer">
        <h4>长白山旅游</h4>
    </div>
</div>
```

任务 2　编写"长白山天池"子容器代码。

```
<div data-role="page" id="page2">
    <div data-role="header">
        <h1>长白山天池</h1>
    </div>
    <div data-role="content">
        <p class="img_center"><img src="img/1.jpg"></p>
        <p>天池像一块瑰丽的碧玉镶嵌在雄伟的长白山群峰之中，它是中国最高最大的高山湖泊。
```

柔美的天池白云缭绕,五色斑斓,波光岚影,群峰环抱,蔚为壮观。天池上空气候多变,多云、多雾、多雨、多雪,云、雾、雨、雪把天池不仅装点得美丽动人,而且更加虚幻神秘,迷迷茫茫。</p>
            <p><a href="#" data-rel="back">返回</a></p>
        </div>
        <div data-role="footer">
            <h4>长白山旅游</h4>
        </div>
</div>
```

**任务 3** 编写"长白大瀑布"子容器代码。

```
<div data-role="page" id="page3">
    <div data-role="header">
        <h1>长白大瀑布</h1>
    </div>
    <div data-role="content">
        <p class="img_center"><img src="img/2.jpg"></p>
        <p>长白山奇峰环绕,北侧天文峰与龙门峰之间有一缺口,池水由此缺口溢出,穿流在悬崖峭壁之间的乘槎河向北流经 1250 米处的断崖飞流直下,以雷霆万钧之势,夹带着震天的吼声,跌向深深的谷底,形成落差 68 米高的瀑布,这就是蔚为壮观的长白瀑布,它是长白山的第一名胜。</p>
        <p><a href="#" data-rel="back">返回</a></p>
    </div>
    <div data-role="footer">
        <h4>长白山旅游</h4>
    </div>
</div>
```

任务 4 设置图片 CSS 样式。前面已经介绍,不再赘述。

任务 5 在浏览器中进行测试,结果如图 8-5 所示。

8.2.3 制作可折叠内容页面

制作"长白山景点赏析"网站,如图 8-8 所示。单击"长白山天池",显示关于天池的相关信息。再次单击,则隐藏其内容。

【知识基础】

通过单击或触摸来显示或隐藏可折叠内容,在网站上经常看到这种行为。通常在这些网站中,可折叠内容表现为一个标题可见的问题或答案,其侧边的"＋"或"－"表示打开或关闭。

1. 可折叠的内容块

要创建可折叠的内容块,需要添加一个包含可折叠内容的容器,并将该容器元素属性设为 data-role＝"collapsible"。

可以折叠内容在标题栏中显示一个"＋"或"－",表示其折叠状态。必须在折叠容器内容中包行 h1、h2、h3、h4、h5、h6 标签以使其折叠内容显示或隐藏。折叠内容可以含有任意的 HTML 标记。
```

图 8-8 "长白山景点赏析"网站

```
<div data-role="collapsible">
    <h1>标题</h1>
    <p>折叠内容</p>
</div>
```

该内容是默认隐藏的,如图 8-9 所示。如需在页面加载时显示扩展内容,使用 data-collapsed="false"属性,如图 8-10 所示。

图 8-9 隐藏折叠内容　　　　　　　　图 8-10 显示折叠内容

```
<div data-role="collapsible" data-collapsed="false">
    <h1>标题</h1>
    <p>折叠内容</p>
</div>
```

2. 嵌套可折叠块

折叠块内容可以嵌套折叠块,其遵循与其他可折叠区完全相同的规则,如图8-11所示。

```
<div data-role="collapsible">
    <h3>标题</h3>
    <p>
        <div data-role="collapsible">
            <h3>嵌套块标题</h3>
            <p>嵌套块内容</p>
        </div>
    </p>
</div>
```

图8-11 嵌套折叠块

3. 可折叠集合

除了可以添加多个可折叠块外,还可以添加可折叠集合。可折叠集合指的是被组合在一起的可折叠块。通过添加 data-role="collapsible-set" 属性使新容器来包装这些可折叠块。因此,也可以把这个新容器称为包装器。

```
<div data-role="collapsible-set">
    <div data-role="collapsible">
        <h3>标题</h3>
        <p>内容</p>
    </div>
    <div data-role="collapsible" data-collapsed=
    "true">
        <h3>标题</h3>
        <p>内容</p>
    </div>
    <div data-role="collapsible" data-collapsed=
    "true">
        <h3>标题</h3>
        <p>内容</p>
    </div>
</div>
```

页面浏览效果如图8-12所示。

【任务实施】

案例　制作"长白山景点赏析"网站。

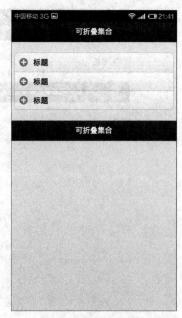

图8-12 可折叠集合

任务 1 添加页面容器,并设置标题和页脚。

```
<div data-role="page" id="page">
    <div data-role="header">
        <h2>长白山景点赏析</h2>
    </div>
    <div data-role="content">
        内容
    </div>
    <div data-role="footer">
        <h4>长白山旅游</h4>
    </div>
</div>
```

任务 2 添加可折叠块区块,并编写可折叠块内容。

```
<div data-role="collapsible">
    <h3>长白山天池</h3>
    <p class="img_center"><img src="img/1.jpg"></p>
    <p>天池像一块瑰丽的碧玉镶嵌在雄伟的长白山群峰之中,它是中国最高最大的高山湖泊。柔美的天池白云缭绕,五色斑斓,波光岚影,群峰环抱,蔚为壮观……</p>
</div>
<div data-role="collapsible">
    <h3>长白大瀑布</h3>
    <p class="img_center"><img src="img/2.jpg"></p>
    <p>长白山奇峰环绕,北侧天文峰与龙门峰之间有一缺口,池水由此缺口溢出,穿流在悬崖峭壁之间的乘搓河向北流经 1250 米处的断崖飞流直下,以雷霆万钧之势,夹带着震天的吼声,跌向深深的谷底,形成落差 68 米高的瀑布,这就是蔚为壮观的长白瀑布,它是长白山的第一名胜。
    </p>
</div>
```

任务 3 设置图片 CSS 样式。前面已经介绍,不再赘述。

任务 4 在浏览器中进行测试,结果如图 8-8 所示。

8.3 网站导航栏设计

创建移动网站可能会应用到工具栏,工具栏常用于网页的页眉和页脚部分。在移动网站中,不是每个页面都需要使用工具栏,但是工具栏确实非常好用。网站经常使用页脚工具栏来放置导航区,让网站更有移动应用的感觉。通过包含固定的页眉或页脚工具栏,允许用户能立即访问网站中的重用选项和链接,并且不用拖动滚动条来寻找想要的链接。

8.3.1 制作导航工具栏

制作"悠优旅游"网站导航工具栏,如图 8-13 所示。

【知识基础】

1. 创建链接按钮

按钮在移动网站中应用非常广泛,通过单击按钮进行页面跳转。链接按钮是使用<a

元素 data-role 属性来创建的。通过先创建链接,然后设置 data-role="button"属性来实现。这种方式不是创建一个真实的按钮元素,而是使用链接样式使链接显示成按钮形式。

```
<a href="#" data-role="button">按钮</a>
```

默认情况下,按钮外观为圆角、有带阴影,这种统一的外观对于页面设计而言并不是最佳选择,我们可以通过改变按钮的属性重新进行外观设置。

```
<a href="#" data-role="button" data-corners="false">按钮</a>
```

通过设置 data-corners="false"属性实现按钮由圆角变为方角。

```
<a href="#" data-role="button" data-shadow="false">按钮</a>
```

通过设置 data-shadow="false"属性实现移除按钮阴影。

下面是创建链接按钮并改变默认设置的代码,页面浏览如图 8-14 所示。

```
<div data-role="content">
    <a href="#" data-role="button">默认按钮</a>
    <a href="#" data-role="button" data-corners="false">方角按钮</a>
    <a href="#" data-role="button" data-shadow="false">移除阴影</a>
</div>
```

图 8-13 "悠优旅游"导航栏　　　图 8-14 链接按钮及其外观

2. 给按钮添加图标

为了使按钮外观更加丰富,可以给按钮添加图标。jQuery Mobile 附带了一套内置的图标,可以在按钮上使用这些图标,有助于提高按钮的设计样式。

```
<a href="#" data-role="button" data-icon="home">首页</a>
```

通过设置 data-icon 属性,将指定图标添加到按钮上,data-icon 属性值详细描述如表 8-3 所示。

表 8-3　data-icon 属性值描述

属　性　值	描　　述	属　性　值	描　　述
data-icon="arrow-l"	左箭头	data-icon="info"	信息
data-icon="arrow-r"	右箭头	data-icon="grid"	网格
data-icon="arrow-u"	上箭头	data-icon="gear"	齿轮
data-icon="arrow-d"	下箭头	data-icon="search"	搜索
data-icon="plus"	加号	data-icon="back"	后退
data-icon="minus"	减号	data-icon="forward"	向前
data-icon="delete"	删除	data-icon="refresh"	刷新
data-icon="check"	检查	data-icon="star"	星
data-icon="home"	首页	data-icon="alert"	提醒

通过设置 data-icon 属性可以把图标添加到按钮上。默认状态下图标放置在按钮的左边，通过 data-iconpos 属性改变图标在按钮上的位置。

```
<a href="#" data-role="button" data-icon="home" data-iconpos="top">首页</a>
```

data-iconpos 属性值可以为 left(在按钮左边)、right(在按钮右边)、top(在按钮上边)、bottom(在按钮下边)和 notext(只显示图标，不显示按钮)。

下面代码实现给链接按钮添加图标，页面浏览如图 8-15 所示。

```
<div data-role="content">
    <a href="#" data-role="button" data-icon="home" data-iconpos="top">首页
    </a>
    <a href="#" data-role="button" data-icon="forward" data-iconpos="left">
    向前</a>
    <a href="#" data-role="button" data-icon="back" data-iconpos="right">向后
    </a>
    <a href="#" data-role="button" data-icon="search" data-iconpos="bottom">
    搜索</a>
</div>
```

3. 添加页眉工具栏

页眉通常包含标题(或 Logo)或一个到两个按钮(通常是首页、选项或搜索按钮)。可以在页眉左侧或右侧添加按钮。

下面的代码，将向页眉标题文本的左侧和右侧各添加一个按钮，如图 8-16 所示。

```
<div data-role="header">
    <a href="#" data-role="button">左侧按钮</a>
    <a href="#" data-role="button">右侧按钮</a>
    <h2>标题</h2>
</div>
```

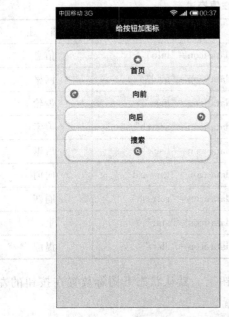

图 8-15　给按钮加图标　　　　　图 8-16　添加页眉工具栏

给页眉添加链接时，无须在＜a＞中设置 data-role="button"属性。默认情况下，工具栏中的链接会自动转换为按钮。

页眉工具栏最多能添加两个按钮，第一个链接总是默认显示在页眉工具栏的左侧；第二个链接默认显示在页眉工具栏的右侧。两个链接在标题元素之前或之后都没有关系。

4. 添加导航工具栏

导航栏由一组水平排列的链接构成，通常位于页眉或页脚内部。默认情况下，导航栏中的链接会自动转换为按钮，无须设置 data-role="button"属性。

使用 data-role="navbar"属性来定义导航栏。在这个容器内部，必须有一个无序列表，其每个列在一个＜li＞元素之中。如图 8-17 所示。

```
<div data-role="header">
    <h2>标题</h2>
    <div data-role="navbar">
        <ul>
            <li><a href="#">AnyLink</a></li>
            <li><a href="#">AnyLink</a></li>
            <li><a href="#">AnyLink</a></li>
        </ul>
    </div>
</div>
```

按钮的宽度使用无序列表来均等地划分。一个按钮　　图 8-17　导航工具栏占据 100% 的宽度；两个按钮各分享 50% 的宽度；三个按钮各占 33.3%，以此类推。不过，如果在导航栏中规定了五个以上的按钮，那么导航栏会变为多行显示，所以导航栏一行最多显示 5 个按钮。

【任务实施】

案例 制作"悠优旅游"导航栏。

任务 1 添加页面容器，并设置页面标题。

```
<div data-role="page" id="page">
    <div data-role="header">
        <h2>悠优旅游</h2>
    </div>
    <div data-role="content">
    </div>
</div>
```

任务 2 制作页眉工具栏，添加 2 个按钮，并添加按钮图标及设置图标显示位置。

```
<div data-role="header">
    <a href="#" data-icon="home">Homepage</a>
    <a href="#" data-icon="search">Search</a>
    <h2>悠优旅游</h2>
</div>
```

任务 3 制作导航栏。

```
<div data-role="header">
    <a href="#" data-icon="home">Homepage</a>
    <a href="#" data-icon="search">Search</a>
    <h2>悠优旅游</h2>
    <div data-role="navbar">
        <ul>
            <li><a href="#">周末游</a></li>
            <li><a href="#">出境游</a></li>
            <li><a href="#">景点</a></li>
            <li><a href="#">酒店</a></li>
            <li><a href="#">机票</a></li>
        </ul>
    </div>
</div>
```

任务 4 浏览测试。页面效果如图 8-13 所示。

8.3.2 制作固定导航栏

制作"NBA 数据王"网站固定导航栏，如图 8-18 所示。浏览该页面时，导航栏始终位于页面可视区域底部。

图 8-18 "NBA 数据王"导航栏

【知识基础】

1. 添加页脚工具栏

与页眉工具栏一样，通过在容器元素添加 data-role＝"footer"属性来创建页脚工具栏，但是页眉与页脚工具栏也有区别。页脚工具栏不会自动格式化其中的链接，必须通过使用自定义样式、布局网格、navbar、controlgroup 来手动完成。与页眉相比，页脚更具伸缩性，更实用且多变，因此能够包含所需数量的按钮。

```
<div class="ui-bar" data-role="footer">
    <a href="#" data-role="button">AnyLinks</a>
    <a href="#" data-role="button">AnyLinks</a>
    <a href="#" data-role="button">AnyLinks</a>
</div>
```

添加 class＝"ui-bar"样式，可以给页脚工具栏增加补白。由于页脚工具栏不会自动格式化其中的链接，所以需要通过 data-role＝"button"属性将链接设计成按钮。效果如图 8-19 所示。

如图 8-19 所示，页脚工具栏有 3 个按钮，互相之间并排显示。这种情况也可以通过给其应用控制组（controlgroup）来实现。控制组是包含这些按钮的容器，通过控制组容器使这些分散的按钮组成一个分割成多个部分的长按钮。

图 8-19　添加页脚工具栏按钮

```
<div class="ui-bar" data-role="footer">
    <div data-role="controlgroup" data-type="horizontal">
        <a href="#" data-role="button">AnyLinks</a>
        <a href="#" data-role="button">AnyLinks</a>
        <a href="#" data-role="button">AnyLinks</a>
    </div>
</div>
```

控制组容器内的按钮所应用的样式，如图 8-20 所示。

通过图 8-19、图 8-20 可以看出，两种方式设计的按钮都没有居中对齐，使用 data-role＝"navbar"属性定义页脚栏可以解决这个问题。

```
<div data-role="footer">
    <div data-role="navbar">
        <ul>
            <li><a href="#">AnyLink</a></li>
            <li><a href="#">AnyLink</a></li>
            <li><a href="#">AnyLink</a></li>
        </ul>
    </div>
</div>
```

页脚工具栏与页眉工具栏中使用 navbar 的方法相同。在 navbar 容器内部，必须有一个无序列表，其每个列在一个<li>元素之中，页面效果如图 8-21 所示。

图 8-20　控制组容器内按钮样式

图 8-21　navbar 容器按钮样式

2. 固定定位工具栏

遵循 Web 开发标准，工具栏放置在内容区域的前面或后面。但有时用户希望页眉或页脚工具栏时时可见，这时我们可以对工具栏使用固定的定位方式。

当使用固定定位时，jQuery Mobile 会检查定位的工具栏是否已经在可视范围中。如果不在可视范围，则将会把工具栏插入可视区的顶部或底部（取决于页眉工具栏还是页脚工具栏）。要使工具栏固定定位，可以将 data-position="fixed" 属性添加到页眉或页脚容器中。

```
<div data-role="footer" data-position="fixed">
    <div data-role="navbar">
        <ul>
            <li><a href="#">AnyLink</a></li>
            <li><a href="#">AnyLink</a></li>
            <li><a href="#">AnyLink</a></li>
        </ul>
    </div>
</div>
```

上面代码实现了使页脚工具栏固定定位，无论页面内容区域篇幅多长，页脚工具栏始终处于可视区域底部，如图 8-22 所示。

图 8-22　固定定位页脚工具栏

【任务实施】

案例　制作"NBA 数据王"导航栏。

任务 1　添加页面容器，并设置页面标题。

```
<div data-role="page" id="page">
  <div data-role="header">
    <h1>NBA 数据王</h1>
  </div>
  <div data-role="content">
  </div>
  <div data-role="footer">
    <h4>页脚</h4>
  </div>
</div>
```

任务 2　制作页脚导航栏。

```
<div data-role="footer" data-position="fixed">
    <div data-role="navbar">
        <ul>
            <li><a href="page.html" class="ui-bar-b">得分</a></li>
            <li><a href="#">篮板</a></li>
            <li><a href="#">助攻</a></li>
            <li><a href="#">盖帽</a></li>
            <li><a href="#">抢断</a></li>
        </ul>
    </div>
</div>
```

任务 3　编辑页面内容区域。

```
<div data-role="content">
    <img src="img/hd.png" width="220" height="350">
    <p><img src="img/HOU_logo.png" width="50" height="50"></p>
    <p class="f21">詹姆斯<br>哈登</p>
    <p>后卫/火箭</p>
    <p class="f45">44</p>
</div>
```

任务 4　添加 CSS 样式。

```
<style type="text/css">
.f21 {
    font-size: 21px;
    color: #333;
    margin-top: 100px;
}
```

```
.f45 {
    font-family:"黑体";
    font-size: 45px;
    color: #000;
}
img {
    float: left;
}
</style>
```

任务 5　浏览测试,页面效果如图 8-18 所示。

8.4　使用布局网格

制作"出境游"页面,如图 8-23 所示。页面主要由页眉导航栏、页脚导航栏和内容区域组成。其中页眉由标题和带图标的导航栏构成,页脚栏为固定定位导航栏,页面内容由 4 个区块组成,按照 2 行 2 列进行布局。

【知识基础】

网格是用于页面布局的。jQuery Mobile 提供了一套基于 CSS 的网格布局方案,允许创建多个相同宽度的列。不过,由于移动设备的屏幕宽度所限,一般不推荐在移动设备上使用列布局。但是有时需要定位更小的元素,如按钮或导航栏,就像在表格中那样并排分布。这时,列布局就恰如其分。

网格中的列是等宽的(总宽是 100%),无边框、背景、外边距、内边距。可使用的布局网格有四种,如表 8-4 所示。

图 8-23　"出境游"页面

表 8-4　布局网格四种类型说明

网格类	列	列　宽　度	对应区块
ui-grid-a	2	50%/50%	ui-block-a|b
ui-grid-b	3	33%/33%/33%	ui-block-a|b|c
ui-grid-c	4	25%/25%/25%/25%	ui-block-a|b|c|d
ui-grid-d	5	20%/20%/20%/20%/20%	ui-block-a|b|c|d|e

提示:在列容器中,根据不同的列数,子元素可设置类 ui-block-a\|b\|c\|d\|e。这些列将依次并排浮动。

8.4.1　两列布局

下面代码的作用是创建两列布局网格。

```
<div class="ui-grid-a">
    <div class="ui-block-a">区块 1,1</div>
    <div class="ui-block-b">区块 1,2</div>
</div>
```

定义一个 ui-grid-a 类容器，代表创建两列网格，每列宽度都是 50%；ui-grid-a、ui-grid-b 分别代表两个区块，页面浏览如图 8-24 所示。

8.4.2 三列布局

下面代码的作用是创建三列布局网格。

```
<div class="ui-grid-b">
    <div class="ui-block-a">区块 1,1</div>
    <div class="ui-block-b">区块 1,2</div>
    <div class="ui-block-c">区块 1,3</div>
</div>
```

定义了一个 ui-grid-b 类容器，代表创建三列网格，每列宽度都是 33%；ui-grid-a、ui-grid-b、ui-grid-c 分别代表 3 个区块，页面浏览如图 8-25 所示。

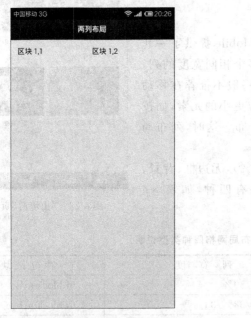
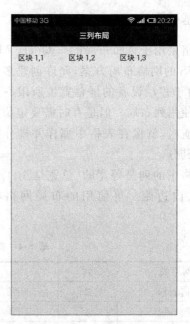

图 8-24　两列布局网格　　　　　图 8-25　三列布局网格

8.4.3 多行多列布局

下面代码的作用是创建两行三列布局网格。

```
<div class="ui-grid-b">
    <div class="ui-block-a">区块 1,1</div>
    <div class="ui-block-b">区块 1,2</div>
```

```
        <div class="ui-block-c">区块 1,3</div>
        <div class="ui-block-a">区块 2,1</div>
        <div class="ui-block-b">区块 2,2</div>
        <div class="ui-block-c">区块 2,3</div>
</div>
```

定义了一个 ui-grid-b 类容器,代表创建两行三列网格,每列宽度都是 50%;ui-grid-a、ui-grid-b、ui-grid-c、ui-grid-a、ui-grid-b、ui-grid-c 分别代表 6 个区块。每行第一个容器设置为 class="ui-block-a" 来清除浮动,如图 8-26 所示。

【任务实施】

案例　制作"出境游"页面。

任务 1　添加页面容器,并设置页面标题。

```
<div data-role="page" id="page">
    <div data-role="header">
        <h2>悠优旅游</h2>
    </div>
    <div data-role="content">
    </div>
</div>
```

任务 2　制作页眉导航栏。通过 data-icon="check" 属性给导航栏加图标,默认图标在文字上方。

图 8-26　两行三列布局网格

```
<div data-role="header">
    <h2>悠优旅游</h2>
    <div data-role="navbar">
        <ul>
            <li><a href="#" data-icon="gear">周末游</a></li>
            <li><a href="#" class="ui-bar-b" data-icon="check">出境游</a></li>
            <li><a href="#" data-icon="grid">景点</a></li>
            <li><a href="#" data-icon="star">酒店</a></li>
            <li><a href="#" data-icon="info">机票</a></li>
        </ul>
    </div>
</div>
```

浏览页面,效果如图 8-27 所示。

任务 3　制作页脚导航栏。通过 data-position="fixed" 属性进行页脚位置固定。

```
<div data-role="footer" data-position="fixed">
    <div data-role="navbar">
        <ul>
            <li><a href="#">预订线路</a></li>
```

```
            <li><a href="#">客服热线</a></li>
            <li><a href="#">留言本</a></li>
            <li><a href="#">线路检索</a></li>
        </ul>
    </div>
</div>
```

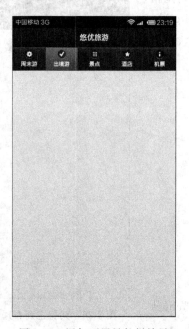

图 8-27 添加页眉导航栏效果

图 8-28 添加页脚导航栏效果

浏览页面,效果如图 8-28 所示。

任务 4 添加两行两列的布局网格。

```
<div data-role="content">
    <div class="ui-grid-a">
        <div class="ui-block-a">区块 A</div>
        <div class="ui-block-b">区块 B</div>
        <div class="ui-block-a">区块 C</div>
        <div class="ui-block-b">区块 D</div>
    </div>
</div>
```

浏览页面,效果如图 8-29 所示。

任务 5 编辑区块 A。

```
<div class="ui-block-a">
    <p><img src="img/hk.jpg">
    <span class="f14">上海直飞香港 4 天往返</span>
2015 年 03 月 10 日结束<br>
    <span class="f18">799 </span>元起</p>
```

图 8-29 添加布局网格后效果

```
</div>
```

任务 6 添加 CSS 样式。

```
<style type="text/css">
img {
    width: 100%;
}
p {
    margin: 2%;
    width: 94%;
    line-height: 20px;
    text-align: center;
    font-size: 12px;
    color: #666;
    border: 1px solid #CCC;
}
.f18 {
    font-size: 18px;
    font-weight: bold;
    color: #F00;
}
.f14 {
    font-size: 14px;
    color: #000;
    display: block;
}
</style>
```

浏览页面,效果如图 8-30 所示。

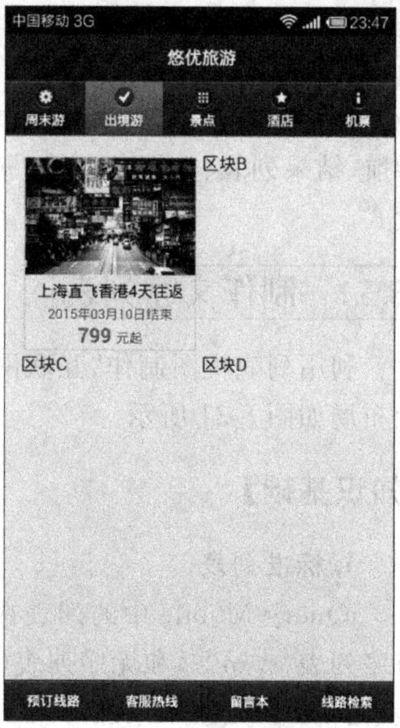

任务 7 重复任务 5 的操作,编辑区块 B、区块 C 和区块 D。整个内容区代码如下所示。

图 8-30 区块 A 加样式后效果

```
<div data-role="content">
    <div class="ui-grid-a">
        <div class="ui-block-a">
            <p><img src="img/hk.jpg">
            <span class="f14">上海直飞香港 4 天往返</span>
            2015 年 03 月 10 日结束<br>
            <span class="f18">799 </span>元起</p>
        </div>
        <div class="ui-block-b">
            <p><img src="img/jp.jpg"><span class="f14">上海直飞东京 10 天往返
            </span>2015 年 02 月 15 日结束<br>
            <span class="f18">2150 </span>元起</p>
```

```
            </div>
            <div class="ui-block-a">
                <p><img src="img/kor.jpg"><span class="f14">天津直飞首尔 5 天自由行
                </span>2015 年 03 月 08 日结束<br>
                <span class="f18">1999 </span>元起</p>
            </div>
            <div class="ui-block-b">
                <p><img src="img/tl.jpg"><span class="f14">杭州直飞曼谷 6-7 日往返
                </span>2015 年 04 月 05 日结束<br>
                <span class="f18">799</span>元起</p>
            </div>
        </div>
    </div>
```

任务 8 浏览测试，页面效果如图 8-23 所示。

8.5 创建列表视图

列表作为移动 Web 页面中最重要、使用频率最高的组件，其主要功能是实现展示数据、导航、结果列表、数据条目等。jQuery Mobile 提供了多种的列表类型以适应大多数的设计模式。

8.5.1 制作文字列表

利用列表视图制作"互联网资讯"页面。每条资讯由标题、描述、来源和计数器构成，页面布局如图 8-31 所示。

【知识基础】

1. 标准列表

jQuery Mobile 中的列表视图是标准的 HTML 列表：有序列表(<ol>)和无序列表(<ul>)。如需创建标准列表，在<ul>元素中添加 data-role="listview"属性就可以实现简单的无序列表。

```
<ul data-role="listview">
    <li><a href="#">页面</a></li>
    <li><a href="#">页面</a></li>
    <li><a href="#">页面</a></li>
</ul>
```

通过定义 data-role="listview"属性实现的列表组件，jQuery Mobile 会自动将所有必需的样式追加到列表上，以便在移动设备上显示列表效果。如图 8-32 所示。

图 8-31 "互联网资讯"页面

2. 文本说明列表

文本说明列表是在标准列表基础上，通过附加文本标题和描述性文字形成的列表。文本标题通过<h1>至<h6>任意一个标签引入，文字描述通过<p>标签引入。

```
<ul data-role="listview">
    <li><a href="#">
        <h3>文本标题</h3>
        <p>文字描述</p>
    </a></li>
    <li><a href="#">
        <h3>文本标题</h3>
        <p>文字描述</p>
    </a></li>
    <li><a href="#">
        <h3>文本标题</h3>
        <p>文字描述</p>
    </a></li>
</ul>
```

浏览效果如图 8-33 所示。

图 8-32　标准列表

图 8-33　文本说明列表

3. 计数气泡列表

在一个区域或链接内显示项目数据是一些短信、邮件常用的样式。计数气泡列表用于显示与列表项相关的数目。在标准列表基础上，如需添加计数气泡，使用行内元素<span>设置 class="ui-li-count"属性并添加数字。

```
<ul data-role="listview">
    <li><a href="#">页面<span class="ui-li-count">4</span></a></li>
    <li><a href="#">页面<span class="ui-li-count">2</span></a></li>
    <li><a href="#">页面<span class="ui-li-count">5</span></a></li>
</ul>
```

浏览效果如图 8-34 所示。

【任务实施】

案例 制作"互联网资讯"页面。

任务 1 添加页面容器,并设置页面标题。

```
<div data-role="page" id="page">
    <div data-role="header">
        <h2>互联网资讯</h2>
    </div>
    <div data-role="content">
    </div>
</div>
```

任务 2 添加一个含有 5 个列表项的文本说明列表。

```
<ul data-role="listview">
    <li><a href="#">
        <h3>list1</h3>
        <p>description</p>
    </a></li>
    …
</ul>
```

图 8-34 计数气泡列表

浏览页面,效果如图 8-35 所示。

任务 3 编辑列表项。

步骤 1 编辑资讯标题、文字描述、来源、计数气泡等。

```
<li>
    <h3><a href="#">2014 年 Google 的野心在哪里</a></h3>
    <p>2014 年,Google 仍然是那家广告公司 2014 年年末,有这么一则趣事能证明 Google 这几年的强大与垄断地位。</p>
    <p class="tline">来源:互联网的那点事<p>
    <span class="ui-li-count">42</span>
</li>
```

步骤 2 编辑 CSS 样式。

```
<style type="text/css">
.tline {
    border-top-width: 1px;
    border-top-style: dashed;
```

```
        border-top-color: #666;
        margin-top: 5px;
        padding-top: 5px;
        padding-right: 5px;
}
</style>
```

浏览页面,效果如图 8-36 所示。

图 8-35　添加文本说明列表后效果

图 8-36　列表项编辑后效果

任务 4　重复任务 3 的操作,编辑其他的列表项。整个列表区代码如下所示。

```
<ul data-role="listview">
    <li>
        <h3><a href="#">2014 年 Google 的野心在哪里</a></h3>
        <p>2014 年,Google 仍然是那家广告公司 2014 年年末,有这么一则趣事能证明 Google
        这几年的强大与垄断地位。</p>
        <p class="tline">来源:互联网的那点事<p>
        <span class="ui-li-count">42</span></li>
    <li>
        <h3><a href="#">油价暴跌 跨境电商受影响</a></h3>
        <p>2014 年下半年油价几近腰斩,分析人士指出,油价未来将在 60~80 美元的较低范围进
        行区间波动。</p>
        <p class="tline">来源:亿邦动力网<p>
        <span class="ui-li-count">15</span></li>
    <li>
        <h3><a href="#">拍拍微店转型 qq 直接开店</a></h3>
        <p>拍拍微店是京东集团旗下无线建店工具,与目前市场上其他手机开店应用不同。</p>
```

```
            <p class="tline">来源：互联网的那点事<p>
            <span class="ui-li-count">21</span></li>
        <li>
            <h3><a href="#">互联网金融火爆的原因</a></h3>
            <p>民间资本进入股市,股市火;民间资本进入房产,房产火;民间资本炒黄金,黄金火……互联网金融真的能火吗。</p>
            <p class="tline">来源：创业邦<p>
            <span class="ui-li-count">29</span></li>
        <li>
            <h3><a href="#">为啥苹果对索尼的电影没兴趣?</a></h3>
            <p>它存在的目的是为了让科技变得更加完善,而不是开天辟地地试水。</p>
            <p class="tline">来源：雷锋网<p>
            <span class="ui-li-count">26</span></li>
</ul>
```

任务5 浏览测试,页面效果如图 8-31 所示。

8.5.2 制作图文列表

制作"知名酒水项目"页面,如图 8-37 所示。

【知识基础】

当设计一个列表时,可能希望列表中的每个项目包含一个图标或缩略图。利用 jQuery Mobile 提供的列表组件是很容易实现的。

1. 列表缩略图

缩略图是一幅完整尺寸图片的预览或缩小的版本。缩略图可以包含在<li>元素中的<a>元素中,从而添加到列表项目中。

图 8-37 "知名酒水项目"页面

```
<ul data-role="listview">
    <li><a href="#"><img src=" chrome.png">页面
    </a></li>
    <li><a href="#"><img src=" firefox.png">
    页面</a></li>
</ul>
```

对于大于 16px×16px 的图片,请在链接中添加<img>元素。如果图片的宽度或高度大于 80px,则 jQuery Mobile 将自动把图片调整至 80px×80px;如果宽度或高度小于 80px,那么不会调整图片的大小。如图 8-38 所示。

2. 列表图标

图标与缩略图是类似的,只是图标更小一点。缩略图是 80px×80px 的图片,而图标是 16px×16px 的图片。在列表中使用图标,与使用缩略图的方法相同。只是在<img>元素添加 class="ui-li-icon"属性。

```
<ul data-role="listview">
    <li><a href="#"><img src=" us.png" class="ui-li-icon">美国</a></li>
    <li><a href="#"><img src=" gb.png" class="ui-li-icon">英国</a></li>
</ul>
```

页面浏览效果如图 8-39 所示。

图 8-38 列表缩略图

图 8-39 列表图标

【任务实施】

案例 制作"知名酒水项目"页面。

任务 1 添加页面容器,并设置页面标题。

```
<div data-role="page" id="page">
    <div data-role="header">
        <h2>知名酒水项目</h2>
    </div>
    <div data-role="content">
    </div>
</div>
```

任务 2 添加一个含有 5 个列表项的标准列表,添加缩略图,编辑列表项。

```
<ul data-role="listview">
    <li>
        <a href="#"><img src="img/s1.jpg" width="150" height="100">
        <h3>史玉柱牵手五粮液,功能白酒享财</h3>
        <p>投资金额:20~30万元 | 2007 人已咨询</p></a></li>
    <li>
```

```
                <a href="#"><img src="img/s2.jpg" width="150" height="100">
                <h3>泸州老窖直营品牌,抢到即赚</h3>
                <p>投资金额:10~20万元 | 1835人已咨询</p></a></li>
            <li>
                <a href="#"><img src="img/s3.jpg" width="150" height="100">
                <h3>西凤集团巅峰力作新贵妃醉酒</h3>
                <p>投资金额:20~30万元 | 2037人已咨询</p></a></li>
            <li>
                <a href="#"><img src="img/s4.jpg" width="150" height="100">
                <h3>白酒黑马,轻松代理赚钱不愁</h3>
                <p>投资金额:10~20万元 | 2007人已咨询</p></a></li>
            <li>
                <a href="#"><img src="img/s5.jpg" width="150" height="100">
                <h3>苏源系列,苏酒之源,洋河新贵</h3>
                <p>投资金额:21~32万元 | 1002人已咨询</p></a></li>
        </ul>
```

任务3 浏览测试,页面效果如图8-37所示。

8.6 表单设计

制作"添加学生信息"表单页面,如图8-40所示。

【知识基础】

1. 表单结构

jQuery Mobile 提供了一套完整的,适合触摸操作的表单元素,这些元素都是基于原生的 HTML 标签元素,所有的表单都应该被包含在一个＜form＞标签内。jQuery Mobile 使用 CSS 来设置 HTML 表单元素的样式,以使其更有吸引力更易用。

当您与 jQuery Mobile 表单打交道时,应该了解以下几点信息。

(1)＜form＞元素必须设置 method 和 action 属性。

(2)每个表单元素必须设置唯一的"id"属性。该 id 在站点的页面中必须是唯一的。这是因为 jQuery Mobile 的单页面导航模型允许许多不同的"页面"同时呈现。

(3)每个表单元素必须有一个标记(label)。请设置 label 的 for 属性来匹配元素的 id。

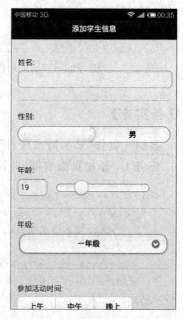

图8-40 "添加学生信息"表单页面

```
<form method="post" action=" demoform.php">...</form>
```

2. 域容器

如果需要 label 和表单元素在宽屏幕上正常显示,用带有 data-role="fieldcontain"属性的＜div＞或＜fieldset＞元素来包装 label 或表单元素。

```
<form method="post" action="demoform.php">
    <div data-role="fieldcontain">
        <label for="fname">First name:</label>
        <input type="text" name="fname" id="fname">
    </div>
</form>
```

注意：fieldcontain 属性基于页面宽度来设置 label 和表单控件的样式。当页面宽度大于 480px 时，它会自动将 label 与表单控件放置于同一行。当小于 480px 时，label 会被放置于表单元素之上。

3. 文本框

文本框是 jQuery Mobile 最常用的表单类型组件之一。常用的文本框有文本输入框、密码输入框和文本区域框。最基本的文本框和普通网页的文本框的用法相同。

```
<div data-role="fieldcontain">
    <label for="txtipt">文本输入:</label>
    <input type="text" name="txtipt" id="txtipt" />
</div>
<div data-role="fieldcontain">
    <label for="pwdipt">密码输入:</label>
    <input type="password" name="pwdipt" id="pwdipt" />
</div>
<div data-role="fieldcontain">
    <label for="textarea">文本区域:</label>
    <textarea cols="40" rows="8" name="textarea" id="textarea"></textarea>
</div>
```

输入字段是通过标准的 HTML 元素编写的，jQuery Mobile 会为它们设置专门针对移动设备的美观易用的样式，如图 8-41 所示。

jQuery Mobile 除了支持最基本的文本类型外，还支持 HTML 5 标准规范的扩展文本类型，如 email、url、number、tel 等文本框。

```
<div data-role="fieldcontain">
    <label for="numipt">number:</label>
    <input type="number" name="numipt" id="numipt" />
</div>
<div data-role="fieldcontain">
    <label for="telipt">tel:</label>
    <input type="tel" name="telipt" id="telipt" />
</div>
<div data-role="fieldcontain">
    <label for="emailipt">email:</label>
```

图 8-41　常用文本框类型

```
        <input type="email" name="emailipt" id="emailipt" />
</div>
<div data-role="fieldcontain">
        <label for="urlipt">url:</label>
        <input type="url" name="urlipt" id="urlipt" />
</div>
```

这些扩展文本框在桌面浏览器上的显示效果和普通的文本框显示效果基本一致,如图 8-42 所示。唯一的区别是在移动设备上的输入键盘会根据不同的类型而不同,当输入 number 和 tel 类型文本时,键盘自动切换到数字键盘,如图 8-43 所示。

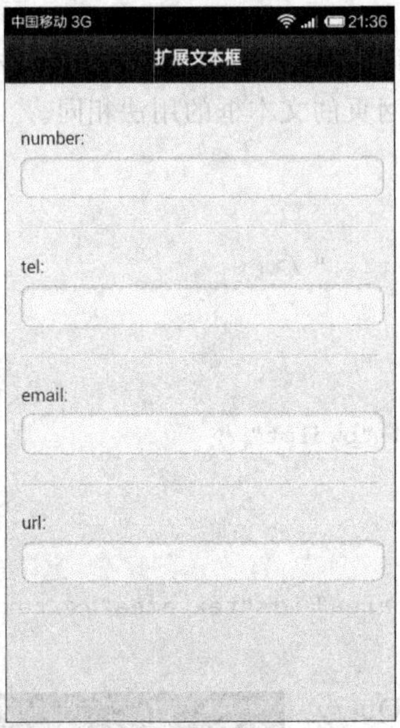

图 8-42　扩展文本框类型 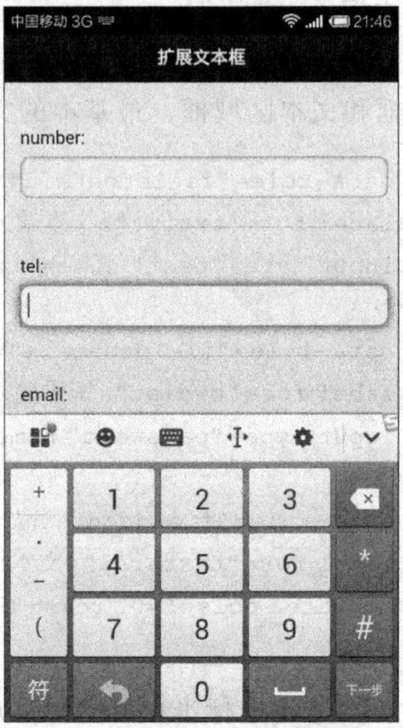　　　　　　图 8-43　输入 tel 类型文本

4. 单选按钮

当用户只选择有限数量选项中的一个时,会用到单选按钮。如需创建一套单选按钮,需要添加 type="radio" 的<input>元素以及相应的<label>元素。在<fieldset>元素中包装单选按钮,也可以增加一个<legend>元素来定义<fieldset>的标题。

注意:请用 data-role="controlgroup" 属性来组合这些按钮。

```
<div data-role="fieldcontain">
    <fieldset data-role="controlgroup">
        <legend>垂直布局</legend>
        <input type="radio" name="radio1" id="radio1_0" value="1" />
        <label for="radio1_0">选项 1</label>
        <input type="radio" name="radio1" id="radio1_1" value="2" />
        <label for="radio1_1">选项 2</label>
    </fieldset>
```

```html
</div>
<div data-role="fieldcontain">
    <fieldset data-role="controlgroup" data-type="horizontal">
        <legend>水平布局</legend>
        <input type="radio" name="radio2" id="radio2_0" value="1" />
        <label for="radio2_0">选项 1</label>
        <input type="radio" name="radio2" id="radio2_1" value="2" />
        <label for="radio2_1">选项 2</label>
    </fieldset>
</div>
```

通过浏览单选按钮效果如图 8-44 所示。从图中可以看出，这种单选按钮组的按钮选项的布局可以是垂直排列的，也可以是水平排列的，只需在＜fieldset＞元素中添加 data-type="horizontal"属性。

水平排列单选按钮组与垂直排列单选按钮组在界面上有些区别。水平排列单选按钮组缺少左侧的图标，其风格更像是一种开关选择控件。

5. 复原框

复选框与单选按钮类似。只是在选择有限数量选项中的一个或多个选项时，会用到复选框。

```html
<div data-role="fieldcontain">
    <fieldset data-role="controlgroup">
        <legend>垂直布局</legend>
        <input type="checkbox" name="checkbox1"
        id="checkbox1_0" value="1" />
        <label for="checkbox1_0">选项 1</label>
        <input type="checkbox" name="checkbox1" id="checkbox1_1" value="2" />
        <label for="checkbox1_1">选项 2</label>
        <input type="checkbox" name="checkbox1" id="checkbox1_2" value="3" />
        <label for="checkbox1_2">选项 3</label>
    </fieldset>
</div>
<div data-role="fieldcontain">
    <fieldset data-role="controlgroup" data-type="horizontal">
        <legend>水平布局</legend>
        <input type="checkbox" name="checkbox2" id="checkbox2_0" value="1" />
        <label for="checkbox2_0">选项 1</label>
        <input type="checkbox" name="checkbox2" id="checkbox2_1" value="2" />
        <label for="checkbox2_1">选项 2</label>
        <input type="checkbox" name="checkbox2" id="checkbox2_2" value="3" />
        <label for="checkbox2_2">选项 3</label>
```

图 8-44　单选按钮组

```
        </fieldset>
    </div>
```

浏览复选框，效果如图 8-45 所示。

6. 下拉选择菜单

在移动设备上，表单的下拉选择菜单组件非常特殊，它不像传统桌面应用那样可以直接使用鼠标去选择下拉列表中相应的数据。它是在触屏设备上采用弹出层的方式来选择数据，如图 8-46 所示。

图 8-45　复选框组

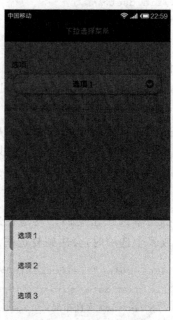

图 8-46　下拉选择菜单

要添加这样的下拉选择菜单组件，可以使用<select>元素创建带有若干选项的下拉菜单，<select>元素中的<option>元素定义列表中的可用选项。

```
<div data-role="fieldcontain">
    <label for="sltmenu" class="select">选项：</label>
    <select name="sltmenu" id="sltmenu">
        <option value="option1">选项 1</option>
        <option value="option2">选项 2</option>
        <option value="option3">选项 3</option>
    </select>
</div>
```

7. 搜索输入框

搜索输入框是一个扩展的<input>标签元素，外观为圆角，当用户输入文字后，右边会出现一个叉的图标，若单击，则会清除输入的内容，如图 8-47 所示。

要在表单中添加搜索输入框，需在<input>标签中添加 type="search"属性来定义搜索框。

```
<div data-role="fieldcontain">
    <label for="srhipt">搜索:</label>
    <input type="search" name="srhipt" id="srhipt" />
</div>
```

8. 滑块

滑块允许从一定范围内的数字中选取值,也可以手动输入值,如图 8-48 所示。

图 8-47　搜索输入框　　　　　　　图 8-48　滑块

要在表单中添加搜索输入框,需在＜input＞标签中添加 type＝"range"属性来定义滑块。

```
<div data-role="fieldcontain">
    <label for="slider">slider:</label>
    <input name="slider" type="range" id=
    "slidert" value="6" min="0" max="10" />
</div>
```

其中,max 和 min 属性规定滑块允许的最大值和最小值,value 属性规定滑块的默认值。

9. 切换开关

切换开关在移动设备上是一个常用的表单元素,用于开/关或对/错按钮,如果 8-49 所示。

如需创建切换开关,需要在＜select＞标签中添加 data-role＝"slider"属性,并添加两个 ＜option＞元素。

```
<div data-role="fieldcontain">
```

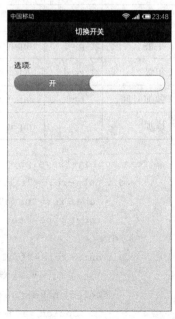

图 8-49　切换开关

```
            <label for="flipswitch">选项:</label>
            <select name="flipswitch" id="flipswitch" data-role="slider">
                <option value="off">关</option>
                <option value="on">开</option>
            </select>
        </div>
```

【任务实施】

案例　制作"添加学生信息"表单页面。

任务 1　添加页面容器,并设置页面标题。

```
<div data-role="page" id="page">
    <div data-role="header">
        <h2>添加学生信息</h2>
    </div>
    <div data-role="content">
    </div>
</div>
```

任务 2　插入表单。

根据图 8-5 所示插入表单及其元素,表单及其元素的基本属性如表 8-5 所示。

表 8-5　添加学生信息表单及其元素说明

标　签	名　称	类　型	初　始　值	含　义
姓名	name	input/text	—	文本输入框
性别	sex	select	邮箱/账号/微博	切换开关
年龄	pwd	input/range	请输入密码	滑块
年级	grade	select/	一年级/二年级/三年级/四年级	下拉选择菜单
参加时间	time	input/radio	1/2/3	单选按钮
添加	—	input/submit	添加	提交按钮

```
<form action="save.php" method="get">
    <div data-role="fieldcontain">
        <label for="name">姓名:</label>
        <input type="text" name="name" id="name" />
    </div>
    <div data-role="fieldcontain">
        <label for="sex">性别:</label>
        <select name="sex" id="sex" data-role="slider">
            <option value="off">男</option>
            <option value="on">女</option>
```

```
        </select>
    </div>
    <div data-role="fieldcontain">
        <label for="age">年龄:</label>
        <input type="range" name="age" id="age" value="1" min="15" max="30" />
    </div>
    <div data-role="fieldcontain">
        <label for="grade" class="select">年级:</label>
        <select name="grade" id="grade">
            <option value="1">一年级</option>
            <option value="2">二年级</option>
            <option value="3">三年级</option>
            <option value="4">四年级</option>
        </select>
    </div>
    <div data-role="fieldcontain">
        <fieldset data-role="controlgroup" data-type="horizontal">
            <legend>参加活动时间:</legend>
            <input type="radio" name="time" id="time_0" class="custom" value="1" />
            <label for="time_0">上午</label>
            <input type="radio" name="time" id="time_1" class="custom" value="2" />
            <label for="time_1">中午</label>
            <input type="radio" name="time" id="time_2" class="custom" value="3" />
            <label for="time_2">晚上</label>
        </fieldset>
    </div>
    <input type="submit" value="添加" data-icon="plus" />
</form>
```

任务3 浏览测试,页面效果如图 8-40 所示。

8.7 任务拓展

任务 制作"周边游线路"页面。

任务描述:"周边游线路"页面主要有页眉、内容和页脚三个区域构成。页眉区由标题和两个图标按钮构成,内容区域由图文列表组成,页脚采用固定定位导航栏与图标按钮的方式,如图 8-50 所示。

任务要求:利用 jQuery Mobile 框架完成页面制作。

图 8-50　网站建议表单

8.8　本章小结

通过多个案例的制作,介绍了 jQuery Mobile 及其应用环境;详细介绍了页面结构、工具栏、按钮、表单、列表、网格等相关知识和技术。通过本章学习,读者应具备可叠内容页面制作、网站导航栏制作的能力;具备能使用布局网、列表视图进行页面布局的能力;具备表单页面设计的能力;具备移动设备网页综合设计的能力。

习　题

（1）jQuery Mobile 框架由什么文件构成?
（2）什么是基于链接的按钮,如何创建一个这种按钮?
（3）使用 jQuery Mobile 设计一个联系方式表单。
（4）创建或寻找一套自定义图标,并在按钮上应用。改变图标在按钮上的位置并留意其在按钮上的变化。
（5）创建一个地址簿,使用列表分隔元素,并使用搜索过滤器,以快速查找到想要找到的名字。

第 2 篇

项目开发

第 2 篇

项目开发

第9章 企业宣传网站——舒适家居网

网页的布局,在过去主要是采用 Table(表格)布局的模式。为了满足网页技术的迅猛发展、规范网页技术,Web 标准技术得以完善,DIV 网页布局技术作为一种合乎 Web 标准要求的新技术,得到了广泛的推广,成为国际技术标准。因此,在本章中将主要学习利用 DIV+CSS 技术来完成网页的布局。学习 DIV+CSS 布局技术首先要理解关于 Web 标准对技术的要求,然后要能够熟练使用常见布局类型,如一列固定宽度、一列宽度自适应、两列固定宽度、两列宽度自适应、两列右列宽度自适应、三列浮动中间宽度自适应、三行两列居中高度自适应布局。本章是 DIV+CSS 布局技术的开始,主要学习一列及两列固定宽度与自适应宽度布局技术。

9.1 客户需求

企业宣传网站(企业形象网站)的作用主要是以展示企业形象为主,网站通过对企业信息的系统介绍,让浏览者熟悉企业的情况、了解企业所提供的产品和服务,并通过有效的在线沟通、交流方式搭建起潜在客户与企业之间的桥梁。其网站建设主要作用体现如下。

通过网络展示、宣传自己的企业及产品,进行营销活动;具备一定知名度的品牌和集团,拥有固定的用户群,需要建立统一形象的官方网站,通过互动媒体传播的方式,巩固及扩大企业形象,构成统一的企业宣传系统和信息门户。

"舒适家居"是一家专门提供装修设计的小型企业,其业务范围主要是为客户提供居家装修的设计图与装修材料。网站的主要作用是展示企业的形象与设计的作品,增强在同类企业中的竞争力,为客户提供较完备的信息服务。

9.2 网站分析

9.2.1 网页主题分析

根据上述客户需求,网页设计师的工作首先是将文字技术档案转化为网页元素所能表现的形式,一般来讲主要是明确客户建站目的、网站定位、栏目设计、语言设计、网站功能等要求,来体现本网站的主题内容。

建站目的：本公司位于某市经济开发区，现有专业的家装设计师十余人，业务范围遍布全省。建立"舒适家居"网站，以进一步提高公司档次和知名度，为客户提供优质、方便与快捷的服务。

网站定位要求：展示企业形象。

网站栏目设置要求：网站栏目内容设置包括室内设计动态信息、设计相关政策、会员之家、在线问答、涉及装修材料等高新技术的发展和装修项目指导等相关的信息应用。

网站语言设计要求：要求有中、英文两个版本。

网站创意设计要求有以下几点。

- 网站形象首页创意设计。
- 内容首页创意设计。
- Flash 动画效果。
- 网站动态旗帜广告（Banner）。
- 内容页面制作，动态页眉美工合成。
- 图片处理。

网站售后服务要求有以下几点。

- 网站推广（代理收费加注搜狐、新浪等收费门户网站；免费加注国内其他排名前20家非收费搜索引擎）。
- 网站维护（一年的网站内容免费更新，不改变网站导航结构）。
- 数据库系统维护（一年内免费，含数据库系统数据批量上传，数据备份等）。
- 培训两名维护人员。

9.2.2 网页风格定位

网站的风格是一个比较抽象的概念，没有固定的模式与标准，我们可以简单理解为网站的自身特点如色彩构成、版式设计等，一般主要利用以下四个方面进行表现。

1. 颜色风格

营造出各种类型网站的整体气氛，包括标志、色彩、字体、标语等色彩，勾勒出网站的整体视觉效果。

2. 版式设计

所谓版式设计，就是对网页各元素进行排序，划分出重点、次重点、一般表现区域。并明确各区域网页元素所呈现的方式，如动画方式、文字方式、图片方式等。当前由于版式设计划分原则不同，因此叫法也不相同，但是从本质上来说版式设计的作用在于，实现内容的主次划分。

3. 内容结构风格

内容是网页各元素的组合体，所谓内容结构风格，是指对网页各元素结构的设计，是网站的信息支撑，风格个性化的主导因素。

4. 语言风格

要注意不同的语言字符对网站的影响亦不尽相同。如英文字符较为精简，适宜做小巧精致类型的网站;中文字符雅致繁复,较适宜做端庄严肃类型的网站。由于网站服务的公司规模有限,语言采用中文版。

本企业宣传网站的风格定位按上述四方面可说明如下几点。

主色调采用了深棕绿色,以白色为辅助色,点缀少许橘色等温色调。页面中的文字、链接、栏目等都以棕色进行设计,呼应了本网站"家的温情"。

版式设计采用以图示为诉诸方式的满版设计模式,强调了页面的整体艺术气息。

以图片为主、文字为辅助的内容结构,充分利用图片比文字更具有感召力的特点,让浏览者亲身体会到企业的实力与水平。

不同的主题对框架、色彩等元素的要求都不尽相同。作为宣传网站,要点是吸引用户的视野,本项目是家居网站,在风格定位上要产生温暖、舒适的感觉,充分体现家的祥和氛围。

9.3 网站搭建

9.3.1 建立网站结构

(1) 打开 Dreamweaver CS5 软件,在菜单栏中选择"站点"中的"新建站点",设置"站点名称"为 one,本地根文件夹为 e:\one,然后单击"确定"按钮,具体效果如图 9-1 所示。

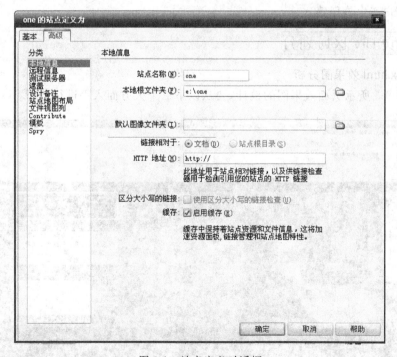

图 9-1 站点定义对话框

(2) 在"文件"面板中,对 one 站点通过右键添加文件夹 images 存放图像,添加 style 存放 CSS 样式表。

9.3.2 建立网站主页

在"文件"面板中，对 one 站点通过添加文件 index.html 作为网站的主页。如果用其他方式，需要建立 index.html 页并保存到当前站点下。在 style 文件夹中添加 index.css 文件作为 index.html 的 CSS 样式表，（当前采用的是 HTML 文件和 CSS ——对应的方案，也可以采用其他方案如根据 HTML 文件按类别 CSS 文件划分等）则本站点结构如图 9-2 所示。

图 9-2　站点结构图

9.4　技术准备

网站主页即首页，担负着网站"形象大使"的任务。从首页就可以窥探出网站的定位和服务对象，由于网站功能定位的不同，不同类型网站首页的表现形式各有千秋。如首页功能、表达形式、传递信息内容、设计风格、页面布局等。

企业网站作为企业进行网络营销和形象展示的网络平台，它的作用不仅在于产品的展示和推广，更重要的是要建立客户对企业和产品的信心，所以企业网站首页要充分体现专业性和可信度，吸引浏览者的目光，让浏览者对企业产生好奇心和信心。一句话：企业网站首页必须让用户产生信任感。

9.4.1 网页 DIV 区域划分

1. index.html 效果图分析

通过图 9-3 所示页面效果图的设计，要从以下三个大方面入手进行分析。

图 9-3　页面效果图

(1) 色彩设计：本页面为"舒适家居"网站的主页面，在页面设计上本页面采用了深绿色为背景，突出高雅的氛围，由于在页面中有动画效果，色彩较多，因此在页面中添加了白色作为点缀色。

(2) 图片设计：本页面以图片展示为主，通过图片来展示公司的主要作品，展示产品的特点和效果。

(3) 布局设计：本页面采用了典型的通栏布局模式，页面布局为左右结构，分别为宣传产品、产品动画展示、网页链接、Logo 站标等部分，其具体组成如图 9-4 所示。

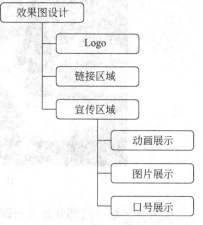

图 9-4　主页效果图布局

2. 利用 DIV 划分区域

> **技术点拨：**
>
> **了解 Web 标准的内容**
>
> Web 标准是由 W3C(World Wide Web Consortium 万维网联盟)和其他标准化组织制定的一套规范集合，是一系列标准的组合。Web 标准的目标：表现与结构进行分离。Web 标准的构成：结构、表现、行为三大部分。
>
> 结构：对网页中用到的信息进行整理与分类。用 HTML、XML、XHTML 进行结构化设计。
>
> 表现：对已被结构化的信息进行显示上的控制。它包含版式、颜色、大小等形式控制。由 CSS 来完成。
>
> 行为：对整个文档内容的一个模型定义及交互行为的编写，用于编写用户可进行交互式操作的文档。主要的 Web 标准有 DOM(文档对象模型)和 JavaScript(标准脚本语言)。

从 Index.html 效果图可以看出，网页元素较少，结构较松散，宜采用宽度自适应布局以扩大页面在浏览器中所占面积。在利用 DIV＋CSS 进行网页布局时，主要有固定宽度和自适应宽度两种方式。所谓宽度自适应布局方式是指能根据浏览器窗口的大小自动改变其宽度或高度值的一种布局模式，它能根据不同分辨率的显示器提供很好的显示效果。固定宽度则是指网页宽度为固定的值，不受显示器的影响。

利用 CSS＋DIV 进行页面布局首先是划分区域，根据区域块面积及所存放网页元素不同将页面用 DIV 分块。本图中分为 container、logo、intro、llinks、aflash 五个 DIV 块，其中 container 为最外层的块，包含了其他四个 DIV 块。具体效果如图 9-5 所示。

- 页面 body 的深绿色背景，提出颜色值为 ♯666633 即可。
- 为了实现内容的整体居中和底纹，需要一个最外层(id＝container)来放置所有内容。内容区域 container 背景由底纹、条件等组成。有一定规律性，可做成 1 像素或少像素的线，在 XHTML 中利用横向平铺完成整个背景的绘制。
- 内容区域中左侧部分放置宣传图片的层(id＝pic)，背景带底纹效果，前景为图片，因此整个进行切片。由于图片颜色丰富，保存为 .jpg 格式。

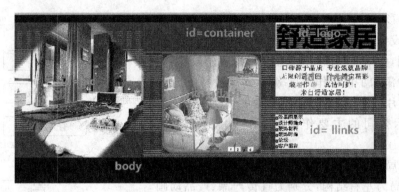

图 9-5　页面划分 DIV 区域块

- 内容区域中间部分放置动画层(id＝aflash)，为动画部分。需要计算起始坐标位置，计算出动画的尺寸。
- 内容区域中右侧部分放置 Logo(id＝logo)、网站宣传语(id＝intro)、网站导航(id＝llinks)，即站标、宣传文字、链接。站标要进行整体切片保存为.jpg 格式，宣传文字与链接要在 XHTML 中完成即可，对于链接前面的小图标，要进行切片，保存为.gif 格式。

9.4.2　网页效果图切片

1. 用 Photoshop 软件完成效果图切片点

从效果图中利用切片的方式提取网页制作中所需的文字或图片素材。提取的原则是，如何利用层(div)来组合该页的规划。效果如图 9-6 所示。

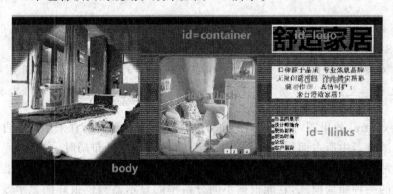

图 9-6　切片划分图

- 页面 body 的深绿色背景，只需颜色值 ♯666633 即可。
- container 区域：背景由底纹、条件等组成，有一定规律性需切割 1 像素或少像素的块即可。
- pic 区域：背景带底纹效果，前景为图片，切割整个图片所在区域，以利用与网页整体相融合，由于图片颜色丰富，保存为.jpg 格式。
- logo 区域：文字非常用浏览器字体，需把文字作为图片进行切割。
- intro 区域：文字为宋体，效果可以在网页中实现不需切片。
- llinks 区域：文字为宋体不需切片，项目前面图标，要进行切片，保存为.gif 格式以缩小所占空间。

技术点拨：

关于对背景进行切片

设计好的效果图，要进行切片、优化、导出到站点图片文件夹的流程，以获取网页所需要的图片元素，在切片时要按从背景到前景的顺序进行，在前景切片时要按从上到下，从左到右的顺序，且保留空白区域，以适合二维图片上下遮盖的技术特点。一般背景可由背景色与背景图片组成，在切片时主要有三种情况。

（1）网页的背景仅有背景色，这种情况下背景不需要作切片，只要在 XHTML 进行整合时对 body 标签的背景色进行设置就可以。

（2）网页仅有背景图片，这种情况下要以图片的效果为出发点，在背景图较大的情况下，可以采取将大图片分割成多个小图片的方法来实现。如果背景图片有一定规律可循的话，可通过 CSS 对小图片进行重复来完成背景图片的重组。

（3）当背景图包含背景色和背景图片时，背景色不用作切片，背景图切片的规律同第二种情况。

2. 任务实施

（1）隐藏 Container 背景图外的其他内容，选择切片工具 ，在背景中绘制出切片区域，在"属性面板"中设置"宽为 28px，高 500px"的矩形。效果如图 9-7 所示。

（2）从"窗口"菜单中打开"优化"面板，从中选取 GIF 格式进行优化。

（3）单击鼠标右键，选择"导出所选切片"，打开"导出"窗口，效果如图 9-8 所示。

图 9-7 背景切片图　　　　　　图 9-8 "导出"对话框

(4) 设置"文件名"为 c1.gif,"导出"选择"仅图像",单击"导出"按钮,完成背景图片的切割。

(5) 打开"层面板"中所有隐藏,对内容区域左侧的图片进行切片,打开"优化"面板进行优化为.jpg格式,并导出为pic.jpg。

(6) 对内容区域右侧的logo图片进行切片,打开"优化"面板进行优化为.jpg格式,并导出为logo.jpg。

(7) 对内容区域右侧的链接部分的小图标进行切割,优化为.gif格式,导出为6.gif。

页面分割的作用是把大的网站元素(图片等)内容进行切割,将大划小,提高了网站运行的速度,页面分割的原则主要是以"DIV"布局的区域进行切割,个别情况可以按特殊需要进行切割。

9.5 添加网页结构和样式

9.5.1 建立网页主体轮廓

1. HTML 主体轮廓

在网页设计中,绝大多数网页都是骨骼型的,从这个角度来说网页主体DIV轮廓一般分为三大区域,分别为网页头部、网页内容、网页页脚,但在实际开发中为了方便定位,且保证浏览器的兼容性,一般HTML结构主体由以下内容构成。

```
<body>
    <div id="container">
        <div id="header">
            ...
        </div>
        <div id="content">
            ...
        </div>
        <div id="footer">
            ...
        </div>
    </div>
</body>
```

当然在真正制作网页时,要根据效果图的具体情况进行合理删改,如在图9-6中可以看出,index.html中网页元素都集中在网页内容区域,不能界定出头部、内容、脚部,因此其主体结构变化如下:

```
<body>
    <div id="container">
        ...
    </div>
</body>
```

2. HTML 主体轮廓的样式

在index.html的head标签对之间添加link标签,引用相对应的外部CSS样式表,代码如下所示。

```
<link href="style/index.css" rel="stylesheet" type="text/css" />
```

打开 style 文件夹中的 index.css 文件，添加各标签的 CSS 样式内容。（关于 CSS 样式内容添加方式可以利用 Dreamweaver 所提供的对话框，也可以手工添加。）

```css
* {
    margin:0px;              /*设置所有标签外边距为零*/
    padding:0px;             /*设置所有标签内边距为零*/
}
body {
    font-family: "宋体";
    font-size: 12px;
    text-align:center;       /*设置文本横向居中*/
}
#container {
    width:100%;              /*设置页面宽度自适应*/
    margin-left:auto;        /*设置区域内横向居左*/
    margin-right:auto;       /*设置区域内横向居右*/
}
```

> **技术点拨：**
>
> **关于固定宽度区域块居中问题**
>
> 当页面宽度为固定值时，由于 CSS 没有横向居中这一属性，一般可采用
>
> ```
> margin-left:auto;           /*设置区域内横向居左于 container*/
> margin-right:auto;          /*设置区域内横向居右于 container*/
> ```
>
> 及
>
> ```
> text-align:center;          /*设置文本横向居中于 body*/
> ```
>
> 相结合的方式。

9.5.2 建立网页内容区域

在当前 index.html 页面中，由于网页元素较少，因此网页版式设计将网页页头部分与内容区域进行艺术组合，分成了 pic 区域、aflash 区域、logo 区域、intro 区域、llinks 区域五大部分。

```html
<div id="container">
    <div id="pic"></div>             //放置图片
    <div id="aflash"></div>          //放置动画
    <div id="logo"></div>            //放置网站标识
    <div id="intro"></div>           //放置宣传文字
    <div id="llinks"></div>          //放置链接
</div>
```

下面对上述区域进行逐一技术讲解。

1. 利用绝对定位确定 pic 区域位置

（1）HTML 结构

pic 区域实际上就是一个图片的添加技术，只要利用 img 标签说明图片来源及相关说明即可。

```html
<div id="pic">
    <img src="images/pic.gif" alt="主宣图片" />
</div>
```

（2）添加 CSS 样式结构

关于 pic 区域的样式，要明确两点：一是固定区域位置，采用绝对定位技术，以当前浏览器作为参照，利用 top、left、right、bottom 属性明确上、左、右、下的相对位置。

```css
#pic{
    position:absolute;
    top:5%;
    left:0%;
    width:100%;
    background:url(../images/c1.gif) repeat-x;   /*x方向重复,实现小图片平铺成大图片*/
}
```

二是对图片的效果进行设置。由于在本页面中没有特殊效果，因此不需重复设置。

2. 利用绝对定位确定 aflash 区域位置

（1）HTML 结构

aflash 区域用于放置页面的 Flash 动画宣传视频，关于加载的详细过程将在后面章节中讲解。

```html
<div id="aflash">
...
</div>
```

（2）添加 CSS 样式结构

aflash 区域样式要明确以下几点。一是利用绝对定位技术 position:absolute;相对于浏览器固定位置；二是利用 width、height 属性明确区域的大小；三是对所显示的效果没影响，利用 border-top-style、border-right-style、border-bottom-style、border-left-style 属性去掉区域的边框线。

```css
#aflash{
    position:absolute;
    top:21%;
    left:40%;
    width:300px;
    height: 300px;
    border-top-style: none;
    border-right-style: none;
    border-bottom-style: none;
```

```
    border-left-style: none;
}
```

3. 利用绝对定位确定 logo 区域样式

（1）HTML 结构

logo 区域从技术来说也是图片的添加，请参照前文 pic 区域实现技术。

```
<div id="logo">
    <img src="images/logo.gif" />
</div>
```

（2）添加 CSS 样式结构

```
#logo{
    position:absolute;
    top:5%;              /*top、left 都跟#pic 一样*/
    left:70%;
    background-color:#FFFFFF;
    width:300px;
}
```

4. 利用绝对定位确定 intro 区域样式

（1）HTML 结构

intro 区域是页面的文字区域，关键技术在于显示变化的效果，加强区域效果。因此在这里利用 span 标签以细化个别文字，制作不同效果。

```
<div id="intro">
    口碑源于品质   专业练就品牌 <br />
    无限创意空间  生活锁定精彩 <br />
    装<span>墙</span>作<span>饰</span>  真情呵护  ;<br />
    来自舒适家居！
</div>
```

（2）添加 CSS 样式结构

关于本区域样式的制作，除了绝对定位，设置文字颜色、字体和字号，固定区域宽度和高度之外，还加了区域背景色制作。都是比较常用的设置，大家可以自己试验。

```
#intro{
    position:absolute;
    top:30%;
    left:70%;
    color:#716945;
    font-size:16px;
    font-style:normal;
    font-weight:bold;
    background-color:#FFFFFF;
    width:300px;
}
```

在本区域块中,重点来说明一下利用 span 标签来进行样式变化的变化。

```
#intro span{
    color:orange;
    font-style:italic;
}
```

技术点拨:

关于 span 的使用技巧

定义和用法:＜span＞标签被用来组合文档中的行内元素。

在文字页面排版中,常有一些特殊效果需要显示如粗体的橘红色、倾斜的绿色等,做法是使用 span 元素,那么 span 元素中的文本与其他文本不会有任何视觉上的差异,当应用相应的样式后就会产生视觉上的变化。

5. 关于超链接区域 llinks 的设计

(1) HTML 结构

链接是网页最基本的特征,也是设计与制作的重点内容。在 llinks 区域设计主要包括有链接常用属性设计、利用 UL 列表设计纵向菜单、利用相对定位实现鼠标跳跃等,因此在结构设计上要排列好内外次序。最外层的 llinks 标签用于定位,次层 ul 用于设计纵向列表,最内层的 a 标签用于设计链接的三种状态。

```html
<div id="llinks">
    <ul>
        <li><a href="page1.html">    效果图展示</a></li>
        <li><a href="#">    设计师简介</a></li>
        <li><a href="#">    装饰材料</a></li>
        <li><a href="#">    装饰时尚</a></li>
        <li><a href="#">    论坛</a></li>
        <li><a href="#">    客户留言</a></li>
    </ul>
</div>
```

(2) 添加 CSS 样式结构

根据上面 llinks 区域的 HTML 结构分析可知,整个超链接区域来说在设计 CSS 样式时也要按标签的次序从外向内,逐层细化。

① llinks 标签的样式主要是区域背景、区域绝对定位、宽和高度、文字颜色、设计字体文字加粗特效等。

```
#llinks{
    position:absolute;
    top:50%;
    left:70%;
    color:#716945;
    font-family:Arial, Helvetica, sans-serif;
```

```
        font-size:14px;
        font-style:normal;
        font-weight:bold;
        background-color:#FFFFFF;
        width:300px;
```
}

② 次层 ul 列表主要是设计纵向菜单，list-style 属性的作用是去掉 ul 标签默认的列表项前的标记，以利于设计合乎页面的新标记。

```
#llinks ul{
        list-style:none;
}
```

③ li 标签中主要有三个设计。一是利用 background-image 属性添加了自行设计的列表项标记，并且利用 background-repeat 属性实现标记的唯一；二是利用 background-position 属性来设计小标记在列表项中的位置，本任务中小标记距离 llinks 区域块左边 10px，上面 6px，使每个列表项都能排列整齐；三是利用 padding 属性，在列表项标记和文字之间添加小间隔，加强了视觉效果，否则会出现拥挤的现象。

```
#llinks ul li{
        padding:0px 0px 0px 10px;
        background-image: url(../images/6.gif);
        background-repeat: no-repeat;
        background-position: 10px 6px;
}
```

④ a 标签的设计最为精细，设计点主要有两个。一是设计 a 标签的三种状态，即 a:link、a:visited、a:hover，分别是初始状态、访问过状态、鼠标滑过状态，在设计中要注意到三种状态的顺序不能变，但可以将两种状态设计成相同的显示效果。如本任务中关于 a:link 和 a:visited 的设计。对于这两种状态统一利用 color 属性设计初次显示、已访问过的字体颜色；利用 text-decoration 去掉 a 标签本身自带的下划线。当鼠标在超链接上滑过时颜色发生变化，并出现了下划线。

二是在常规基础效果上添加新的特效，本任务中添加目前网页上常采用的一种特效，鼠标跳跃滑过。实现技术也很简单，首先利用 position:relative;设置 a:hover 的定位方式为相对定位，接下来利用 top:2px;left:2px;实现鼠标滑过时，在原来的位置发生向右下 2px 跳动。

```
#llinks ul li a:link, #llinks ul li a:visited{
        color:#2a3a00;
        text-decoration:none;
}
#llinks ul li a:hover{
        color:#F90;
        text-decoration:underline;
        position:relative;
```

```
    top:2px;
    left:2px;
}
```

9.5.3 建立网页页脚区域

一般来讲，网页页脚主要有版权信息、少量超链接、网站访问量等信息组成，不太受到重视，在字体设计上比正文字号略小。但事实页脚区域内容有它自身的作用，如通过不断改动页脚的超链接来通知搜索引擎页面内容正在不断改动，等等。

本例中 footer 区域设计很简单，大家自己实验一下即可。

9.6 常规添加 Flash 动画

对于企业宣传网站来说，页面动画和页面静态图片，给人以生动、形象的感觉，会吸引浏览者的主要视野，因此在本网页中动画设计要充分展示公司的成功案例，体现公司的雄厚势力。

1. Flash 动画添加过程

本节主要学习将 Flash 动画加入指定的 DIV 区域 aflash 中去，其添加过程如下所示。

（1）在 aflash 块中加入动画 aaa.swf，动画存放在 images 文件夹中。本块的作用是显示动画文件，由于编码较多，我们利用"设计"窗体来进行操作，在常用工具栏中单击 按钮。常用工具栏效果如图 9-9 所示。

图 9-9　常用工具栏

（2）弹出"选择文件"对话框，如图 9-10 所示，打开 images 文件夹，选择 aaa.swf 文件，单击"确定"按钮。

图 9-10　"选择文件"对话框

设置 Flash 动画的加载、定位方式、在当前浏览器窗品中的位置等样式。

2. HTML 结构

添加 Flash 动画后,给 HTML 结构在 head 标签和 aflash 标签中分别添加如下代码,这种方式操作简单代码的添加由软件来完成,编码的难度较少,当然这些代码对于熟悉 JavaScript 的编码者来说,可以手写代码来完成。

head 标签对间添加的内容。

```html
<head>
    <script src="Scripts/AC_RunActiveContent.js" type="text/javascript">
    </script>
</head>
```

aflash 标签对间添加的内容。

```html
<div id="aflash">
    <script type="text/javascript">
        AC_FL_RunContent( 'codebase','http://download.macromedia.com/pub/
        shockwave/cabs/flash/swflash.cab#version=9,0,28,0','width','300',
        'height','300','title','aa','src','images/aaa','quality','high',
        'pluginspage','http://www.adobe.com/shockwave/download/download.cgi?
        P1_Prod_Version=ShockwaveFlash','movie','images/aaa' ); //end AC code
    </script>
    <noscript>
    <object classid="clsid:D27CDB6E-AE6D-11cf-96B8-444553540000" codebase=
    "http://download.macromedia.com/pub/shockwave/cabs/flash/swflash.cab#
    version=9,0,28,0" width="300" height="300" title="aa">
        <param name="movie" value="images/aaa.swf" />
        <param name="quality" value="high" />
        <embed src="images/aaa.swf" quality="high" pluginspage="http://www.
        adobe.com/shockwave/download/download.cgi?P1_Prod_Version=
        ShockwaveFlash" type="application/x-shockwave-flash" width="300"
        height="300"></embed>
    </object>
    </noscript>
</div>
```

对本页面进行整合时,主要利用绝对定位和相对定位技术的相互结合,要恰当地选择绝对定位的包含容器,以实现将网页元素进行灵活的定位。

9.7 本章小结

在本章主要讲授了绝对定位和相对定位在利用 DIV+CSS 进行网页布局中的作用,如何将绝对定位和相对定位进行结合来固定网页元素的位置,以及这两种定位方式所适用的网页类型。

第10章 彩宇商贸公司网站

当今社会已进入了信息高速发展阶段,数字化革命给所有领域带来新的冲击。随着计算机办公自动化的普及,电子商务应运而生,一切都归功于 Internet 的巨大贡献,互联网的世界里蕴藏无限生机。彩宇商贸有限公司的领导高瞻远瞩,走在时代的前列,善于运用现代化的手段来管理企业。达到宣传彩宇商贸有限公司的品牌形象、提高公司办公效率的目的。

10.1 客户需求

对于一个商贸公司而言,企业的品牌形象至关重要。特别是在互联网技术高度发展的今天,大多客户都是通过网络来了解企业产品、企业形象及企业实力。因此,企业网站的形象往往决定了客户对企业产品的信心。建立具有高水准的网站能够极大地提升企业的整体形象。客户需求具体内容有以下两个方面。

1. 优化企业内部管理

企业网站的建设将会为企业内部管理带来一种全新的模式。网站是实现这一模式的平台。在降低企业内部资源损耗、减低成本、加强企业员工与员工,企业与员工之间的联系和沟通等方面发挥巨大作用,最终使企业的运营和运作达到最大的优化。

2. 增强销售力

销售力指的是产品的综合素质优势在销售上的体现。销售的成功与否,除了决定于能否将产品的各项优势充分地传播出去之外,还要看目标对象从中得到的有效信息有多少。由于互联网所具有的"一对一"的特性,目标对象能自主地选择对自己有用的信息。这本身已经决定了消费者对信息已经有了一个感兴趣的前提。使信息的传播不再是盲目地强加给消费者,而是由消费者有选择地主动吸收。同时,产品信息通过网站的先进设计,既有报纸信息量大的优点,又结合了电视声、光、电的综合刺激优势,可以牢牢地吸引住目标对象。因此,产品信息传播的有效性将远远提高,同时提高了产品的销售力。

彩宇商贸有限公司是一家专门经营家居建材商品企业,其业务范围主要是为客户提供家居建材商品。网站的主要作用是展示企业的形象与商品推广,增强在同类企业中的竞争力,为客户提供较完备的信息服务。

10.2 网站分析

10.2.1 网页主题分析

根据上述客户需求,网页设计师的工作首先是将文字技术档案转化为网页元素所能表现的形式,一般来讲主要是明确客户建站目的、网站定位、栏目设计、语言设计、网站功能等要求,来体现本网站的主要内容。

建站目的:该公司是一家专门经营家居建材商品企业,旗下经营多家家居建材连锁超市,目前,经营范围已涵盖室内外装潢材料、工程施工材料、绿色建材产品、多种品牌工具系列、家居生活用品、居住配套等系列产品。公司建站目的是进一步提高公司档次和知名度,为客户提供优质、方便、快捷的信息服务。

网站栏目设计要求:网站栏目内容设置包括企业文化、新品推荐、加盟我们、店面展示、聚焦华宇、成功经验分享等相关信息。

网站语言设计要求:要求中文版本。

网站创意设计要求:

- 网站形象首页创意设计。
- 内容首页创意设计。
- 使用jQuery实现网站动态效果。
- 网站动态旗帜广告(Banner)。
- 内容页面制作,动态页眉美工合成。

网站售后服务要求:

- 网站推广(代理收费加注搜狐、新浪等收费门户网站;免费加注国内其他排名,前20家非收费搜索引擎)。
- 网站维护(一年内网站内容免费更新,不改变网站导航结构)。
- 数据库系统维护(一年内免费,含数据库系统数据批量上传、数据备份等)。
- 培训两名维护人员。

10.2.2 网页风格定位

网页设计的目的就是为了突出网站自身特点,以信息内容得到理想的传达为前提。根据网站的主题内容,网页设计的整体风格要靠图形图像、文字、色彩、版式、动态效果来表现。

1. 颜色风格

主色调采用了白色和绿色,点缀少许与象牙相似的淡黄色(牙色)等温色调。页面中的文字、链接、栏目等都以绿色、灰色、象牙色进行设计,营造了本网站绿色环保的企业文化。

2. 版式设计

版式设计采用了以图示为诉诸方式的满版设计模式,强调了页面的整体艺术气息。

以图片为主、文字为辅助的内容结构,充分利用图片比文字更具有感召力的特点,让浏览者亲身体会到企业的实力与水平。

3. 内容结构风格

不同的主题对框架、色彩等元素的要求都不尽相同,作为宣传网站,要点是吸引用户的视野,本项目是商贸网站,在风格定位上要给浏览者舒适的感觉,充分体现企业文化和氛围。

4. 语言风格

由于本网站服务的对象是中国区域用户,语言采用中文版。

10.3 网站技术准备

网站主页的设计主要体现商贸公司的文化与形象,力求给浏览者一种亲和力和认知感,继而让客户产生了解更多信息的兴趣。围绕客户的需求层面有针对性地设计实用简洁的栏目及实用的功能,极大方便客户了解企业的服务、咨询服务技术支持、成功经验分享,加盟我们等。做到店面展示、新品推荐、销售网络等为一体,充分帮助客户体验到贵公司的全系列服务。

10.3.1 网页效果图切片

从效果图中利用 Photoshop 软件切片的方式提取网页制作中所需的文字或图片素材。提取的原则是如何利用层(div)来组合该页的规划。

1. 顶部

顶部效果如图 10-1 所示。

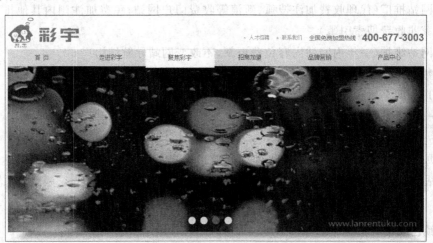

图 10-1 顶部效果图

背景:页面 body 背景为过渡色,只需纵向切割 1px 作为背景图片。

top 区域:logo(174px×82px)作为切片切出,文字隐藏。提取"人才招聘"前的列表符号。

nav 区域:提取导航条背景色为#d3e4c5,导航条文字颜色为#1a8700,下拉菜单文字颜色#cfab6e。

广告区域:提取两个切换按钮,保存为.jpg 格式,准备所有广告图片。下部的阴影要进行切片,保存为.jpg 格式。

2. 中部

中部效果如图 10-2 所示。

图 10-2　中部效果图

企业文化行：隐去栏目标题微软雅黑文字，内容列表宋体文字，提取背景，销售网络整幅切出。

水平分隔线：从左到右切割成一张图片。

店面展示行：栏目标题文字为微软雅黑，内容列表为宋体不需切片，其中展示图片前面已经提取出来，不需要重复操作。

热招城市行：隐去热招城市栏目中的文字内容，从左到右切割栏目背景。

3. 底部

底部效果如图 10-3 所示。

图 10-3　底部效果图

底部背景：隐去脚部内容，纵向切割 1px 作为背景图片。

两链接图片：分别切割两链接图片。

右侧图：切割右侧"彩宇让您享受高品质"。

10.3.2　网页 DIV 区域划分

1. 主页效果图分析

主页效果图的设计如图 10-3 所示，要从以下三个大方面入手进行分析。

（1）色彩设计：为了营造出家居建材商品企业绿色、健康、清新、环保的企业文化，使人联想到森林和草原，主色调采用了白色和绿色，点缀少许与象牙相似的淡黄色（牙色）等温色调。页面中的文字、链接、栏目等都以绿色、灰色、牙色进行设计。

（2）图片设计：主页面以产品图片展示为主，通过图片来展示公司的主要产品，展示产品的特点和效果。

（3）布局设计：主页采用了上下结构布局模式，分别为顶部标志区（logo）、导航区、产品中心展示区、企业文化等栏目介绍区、底部版权信息区等部分，如图10-4所示。

2. 利用 DIV 划分区域

从主页效果图可以看出，根据网页元素所表达的内容，采用自上而下的 DIV＋CSS 结构布局方式，能为用户提供良好的显示和体验效果。

根据所存放网页元素不同将页面划分为 top、nav、flashpic、fourboxes、onetwothree、pointersbox、hotcity、footer 等 DIV 区块。具体页面划分如图 10-5 所示，主页效果如图 10-6 所示。

图 10-4　主页效果图布局　　　　　　　图 10-5　页面划分 DIV 区域块

图 10-6　主页效果图

10.4 添加网页结构和样式

10.4.1 建立网页主体

1. HTML 主体轮廓

```html
<!DOCTYPE html>
    <head>
        <meta http-equiv="Content-Type" content="text/html; charset=utf-8" />
        <title>首页</title>
    </head>
    <body>
        <div class="top"></div>
        <div class="nav"></div>
        <div class="flashpic"></div>
        <div class="fourboxes"></div>
        <div class="onetwothree"></div>
        <div class="pointersbox"></div>
        <div class="footer"></div>
    </body>
</html>
```

2. HTML 主体轮廓的样式

```css
@charset "utf-8";
body, div, dl, dt, dd, ul, ol, li, pre, code, form, fieldset, legend, input, button, textarea, p, blockquote { margin: 0; padding: 0;/* overflow-x: hidden; */ font-size: 12px; }
a {text-decoration:none;}
a:hover {text-decoration:none;}
body {background:url(../images/bodybg.jpg) #fff top repeat-x;}
.top {width:1002px;height:82px;margin:0 auto;}

.nav {width:1002px;height:40px;background:#d3e4c5;margin:0 auto;}

.flashpic {width: 1002px; height: 389px; padding: 0 0 29px 0; background: url (../images/flashbtm_22.jpg) bottom no-repeat;margin:0 auto;}

.fourboxes {width:1002px;height:165px;margin:0 auto;}

.onetwothree {width: 1002px; height: 60px; margin: 0 auto; background: url (../images/onett.jpg) no-repeat;}

.pointersbox {width:1002px;height:110px;margin:0 auto;}
```

.hotcity {width:1000px;height:103px;margin:40px auto 0 auto;background:url(../images/hotcity_90.jpg) no-repeat;border:solid 1px #dddddd;}

.footer {width:1002px;height:88px;border-top:solid 1px #fff;background:url(../images/fbg_100.jpg) top repeat-x;margin:0 auto;}

10.4.2 建立网页页头区域

1. HTML 结构

```
<div class="top">
    < div class="logo"><a href="#" title=""><img src="images/logo_04.jpg" width="174" height="82" /></a></div>
    <div class="trlayer">
        <ul>
            <li class="trtel">400-677-3003</li>
            <li class="trli2">全国免费加盟热线</li>
            <li class="trli3"><a href="#">联系我们</a></li>
            <li class="trli3"><a href="#">人才招聘</a></li>
        </ul>
    </div>
    <div class="clear"></div>
</div>

<div class="nav">
    <ul>
        <li class="navli">
            首页
            <dl class="navhoverbox">
                <dd class="mainmenu"><a href="#">首 页</a></dd>
            </dl>
        </li>
        <li class="navli">
            走进彩宇
            <dl class="navhoverbox">
                <dd class="mainmenu"><a href="#">走进彩宇</a></dd>
                <dd class="navad1">建材超市连锁</dd>
                <dd class="navad2">行业先驱</dd>
                <dd class="navacommonlist"><a href="#">企业简介</a></dd>
                <dd class="navacommonlist"><a href="#">董事长致辞</a></dd>
                <dd class="navacommonlist"><a href="#">企业文化</a></dd>
                <dd class="navacommonlist"><a href="#">组织架构</a></dd>
                <dd class="navacommonlist"><a href="#">荣誉资质</a></dd>
                <dd class="navacommonlist"><a href="#">合作伙伴</a></dd>
            </dl>
        </li>
```

```html
<li class="navli">
    聚焦彩宇
    <dl class="navhoverbox">
        <dd class="mainmenu"><a href="#">聚焦彩宇</a></dd>
        <dd class="navad1">建材超市连锁</dd>
        <dd class="navad2">行业先驱</dd>
        <dd class="navacommonlist"><a href="#">企业简介</a></dd>
        <dd class="navacommonlist"><a href="#">董事长致辞</a></dd>
        <dd class="navacommonlist"><a href="#">企业文化</a></dd>
        <dd class="navacommonlist"><a href="#">组织架构</a></dd>
        <dd class="navacommonlist"><a href="#">荣誉资质</a></dd>
        <dd class="navacommonlist"><a href="#">合作伙伴</a></dd>
    </dl>
</li>
<li class="navli">
    招商加盟
    <dl class="navhoverbox">
        <dd class="mainmenu"><a href="#">招商加盟</a></dd>
        <dd class="navad1">建材超市连锁</dd>
        <dd class="navad2">行业先驱</dd>
        <dd class="navacommonlist"><a href="#">企业简介</a></dd>
        <dd class="navacommonlist"><a href="#">董事长致辞</a></dd>
        <dd class="navacommonlist"><a href="#">企业文化</a></dd>
        <dd class="navacommonlist"><a href="#">组织架构</a></dd>
        <dd class="navacommonlist"><a href="#">荣誉资质</a></dd>
        <dd class="navacommonlist"><a href="#">合作伙伴</a></dd>
    </dl>
</li>
<li class="navli">
    品牌营销
    <dl class="navhoverbox">
        <dd class="mainmenu"><a href="#">品牌营销</a></dd>
        <dd class="navad1">建材超市连锁</dd>
        <dd class="navad2">行业先驱</dd>
        <dd class="navacommonlist"><a href="#">企业简介</a></dd>
        <dd class="navacommonlist"><a href="#">董事长致辞</a></dd>
        <dd class="navacommonlist"><a href="#">企业文化</a></dd>
        <dd class="navacommonlist"><a href="#">组织架构</a></dd>
        <dd class="navacommonlist"><a href="#">荣誉资质</a></dd>
        <dd class="navacommonlist"><a href="#">合作伙伴</a></dd>
    </dl>
</li>
<li class="navli">
    产品中心
    <dl class="navhoverbox">
```

```html
                <dd class="mainmenu"><a href="#">产品中心</a></dd>
                <dd class="navad1">建材超市连锁</dd>
                <dd class="navad2">行业先驱</dd>
                <dd class="navacommonlist"><a href="#">企业简介</a></dd>
                <dd class="navacommonlist"><a href="#">董事长致辞</a></dd>
                <dd class="navacommonlist"><a href="#">企业文化</a></dd>
                <dd class="navacommonlist"><a href="#">组织架构</a></dd>
                <dd class="navacommonlist"><a href="#">荣誉资质</a></dd>
                <dd class="navacommonlist"><a href="#">合作伙伴</a></dd>
            </dl>
        </li>
    </ul>
</div>
```

2. CSS 样式

```css
.clear { clear:both; }
.top {width:1002px;height:82px;margin:0 auto;}
.logo {width:174px;height:82px;float:left;}
.trlayer {width:462px;height:auto;float:right;padding:30px 0 0 0;}
.trlayer ul {}
.trlayer ul li {float:right;height:52px;}
.trtel {font:bold 24px/50px Arial;color:#4aab3a;}
.trli2 {font:14px/50px 微软雅黑;color:#4aab3a;padding-right:15px;}
.trli3 {background:url(../images/ico1_07.jpg) left center no-repeat;text-indent:13px;padding-right:17px;font:12px/52px 宋体;color:#b5b5b5;}
.trli3 a {color:#b5b5b5;}
.trli3 a:hover {color:#4aab3a;}

.nav {width:1002px;height:40px;background:#d3e4c5;margin:0 auto;}
.nav ul {height:40px;}
.navli {width:166px;height:40px;float:left;border-right:solid 1px #fff;text-align:center;font:14px/40px 宋体;color:#1a8700;position:relative;}
.navhoverbox {width:164px; height:auto; border:solid 1px #d7e8c9; position:absolute;top:0;left:0;background:#fff;display:none;padding-bottom:12px;z-index:50;}
.mainmenu {width:164px;height:39px;font:14px/40px 宋体;}
.mainmenu a {color:#1a8700;}
.mainmenu a:hover {color:#cfab6e;}
.navad1 {width:120px; height:auto; font:14px/16px 微软雅黑; margin:0 auto;padding:12px 0 0 0;color:#cfab6e;text-align:left;}
.navad2 {width:120px; height:auto; font:24px/26px 微软雅黑; margin:0 auto;padding:2px 0 12px 0;color:#cfab6e;text-align:left;}
.navacommonlist {width:120px; height:26px; border-bottom:solid 1px #e6e6e6;margin:0 auto;text-indent:2px;font:12px/26px 宋体;text-align:left;}
.navacommonlist a {color:#cfab6e;}
.navacommonlist a:hover {color:#1a8700;}
```

10.4.3 建立网页内容区域

1. HTML 结构

```html
<div class="flashpic">
    <div class="changeBox_a1" id="change_3">
        <a href="#1" class="a_bigImg"><img src="images/1.jpg" width="1002" height="389" alt="" /></a>
        <a href="#2" class="a_bigImg"><img src="images/2.jpg" width="1002" height="389" alt="" /></a>
        <a href="#3" class="a_bigImg"><img src="images/3.jpg" width="1002" height="389" alt="" /></a>
        <a href="#4" class="a_bigImg"><img src="images/4.jpg" width="1002" height="389" alt="" /></a>

        <ul class="ul_change_a2">
            <li><span></span></li>
            <li><span></span></li>
            <li><span></span></li>
            <li><span></span></li>
        </ul>
    </div>
</div>

<div class="fourboxes">
    <div class="foura">
        <div class="fatit">
            <p>企业文化</p>
            <span><a href="#" title="更多"><img src="images/more_03.png" width="31" height="6" alt="更多" /></a></span>
        </div>
        <div class="facont">
            <div class="fapic">
                <a href="#"><img src="images/pic1.jpg" width="73" height="64" /></a>
            </div>
            <div class="far">
                <p>拼搏是一种历练,有历练才有收获;
                拼搏是一种气度,有气度才有魅力;</p>
            </div>
            <div class="clear"></div>
        </div>
    </div>
```

```html
<div class="foura">
    <div class="fatit">
        <p>新品推荐</p>
        <span><a href="#" title="更多"><img src="images/more_03.png" width="31" height="6" alt="更多" /></a></span>
    </div>
    <div class="facont">
        <div class="fapic">
            <a href="#"><img src="images/pic1.jpg" width="73" height="64" /></a>
        </div>
        <div class="hotgoods">
            <ul>
                <li><a href="#">单层挂钩整理架</a></li>
                <li><a href="#">单层挂钩整理架</a></li>
                <li><a href="#">单层挂钩整理架</a></li>
            </ul>
        </div>
        <div class="clear"></div>
    </div>
</div>

<div class="foura mar0px">
    <div class="fatit">
        <p>加盟我们</p>
        <span><a href="#" title="更多"><img src="images/more_03.png" width="31" height="6" alt="更多" /></a></span>
    </div>
    <div class="facont">
        <div class="picjoin">
            <a href="#"><img src="images/picjoin.jpg" width="200" height="65" /></a>
        </div>
    </div>
</div>

<div class="fourb">
    <a href="#"><img src="images/mapper.jpg" width="239" height="163" /></a>
</div>
</div>

<div class="onetwothree"></div>
<div class="pointersbox">
    <div class="theone">
        <div class="the1tit">
            <p>店面展示</p>
```

```html
        <span><a href="#"><img src="images/more_03.png" width="31" height=
            "6" /></a></span>
    </div>
    <div class="the1cont">
        <div class="fapic">
            <a href="#"><img src="images/pic1.jpg" width="73" height=
                "64" /></a>
        </div>
        <div class="onelist">
            <ul>
                <li><a href="#">彩宇家居建材超市富奥店</a></li>
                <li><a href="#">彩宇家居建材超市富奥店</a></li>
                <li><a href="#">彩宇家居建材超市富奥店</a></li>
            </ul>
        </div>
        <div class="clear"></div>
    </div>
</div>

<div class="thetwo">
    <div class="the2tit">
        <p>聚焦彩宇</p>
        <span><a href="#"><img src="images/more_03.png" width="31" height=
            "6" /></a></span>
    </div>
    <div class="the2cont">
        <div class="fapic">
            <a href="#"><img src="images/pic1.jpg" width="73" height=
                "64" /></a>
        </div>
        <div class="twolist">
            <ul>
                <li><a href="#">彩宇家居建材超市富奥店</a></li>
                <li><a href="#">彩宇家居建材超市富奥店</a></li>
                <li><a href="#">彩宇家居建材超市富奥店</a></li>
            </ul>
        </div>
        <div class="clear"></div>
    </div>
</div>

<div class="thethree">
    <div class="the3tit">
        <p>成功经验分享</p>
        <span><a href="#"><img src="images/more_03.png" width="31" height=
```

```html
            "6" /></a></span>
        </div>
        <div class="the3cont">
            许可加盟历程 东易日盛连锁经营体系自 2001 年创立至今,紧紧围绕着集团发展战
            略,不断进行家居装饰业特许连锁领域商业模式的升级、创新与变革,打造以加盟……
            <a href="#">[查看详细]</a>
        </div>
    </div>

    <div class="clear"></div>
</div>

<div class="hotcity">
    <p class="hp1">
        <span>省会城市:</span>哈尔滨、长春、沈阳、南京、杭州、天津、南昌、合肥、武汉、长沙、
        福州、广州
    </p>
    <p class="hp2">
        <span>地级城市:</span>齐齐哈尔、牡丹江、佳木斯、大庆、鸡西、双鸭山、伊春、七台河、
        鹤岗、黑河、绥化、吉林、四平、辽源、白城、白山、松原、延边、大庆、大连、鞍山、抚顺、丹东、锦
        州、营口、阜新、辽阳、盘锦、铁岭、朝阳、葫芦岛、杭州、宁波、温州、嘉兴、湖州、绍兴、金华、衢
        州、舟山、丽水、台州
    </p>
</div>
```

2. CSS 样式

```css
.flashpic {width:1002px;height:389px;padding:0 0 29px 0;background:url(../images/flashbtm_22.jpg) bottom no-repeat;margin:0 auto;}
.changeBox_a1{float:left;width:1002px;height:389px;padding:0px;position:relative;border:0px solid #aaa;}
.changeBox_a1 .a_bigImg{position:absolute;top:0px;left:0px;display:none;}
.ul_change_a2 {position:absolute; left:50%; bottom:13px; overflow:hidden; margin-left:-65px;}
.ul_change_a2 li{display: -moz-inline-stack;display:inline-block;*display:inline;*zoom:1;}
.ul_change_a2 span {display: -moz-inline-stack; display: inline-block; *display:inline;*zoom:1;padding:10px 12px;margin-right:2px;border:0px solid #999;background:url(../images/dian1.png) no-repeat;filter:alpha(opacity=85);opacity:0.85;cursor:hand;cursor:pointer;}
.ul_change_a2 span.on{background:url(../images/dian2.png) no-repeat;color:#CC0000;}


.fourboxes {width:1002px;height:165px;margin:0 auto;}
.foura {width:239px;height:163px;border:solid 1px #ddd;background:url(../images/fourbg.jpg) no-repeat;float:left;margin-right:13px;}
```

```css
.fatit {width:239px;height:16px;padding:20px 0 0 0;}
.fatit p {float: left; font: 14px/14px 微软雅黑; color: #397513; display: inline; padding:0 0 0 15px;}
.fatit span {float:right;padding:5px 15px 0 0;}
.facont {width:209px;height:auto;padding:14px 0 0 0;margin:0 auto;}
.fapic {width:80px;height:auto;float:left;}
.fapic img {float:left;padding:2px;display:inline;border:solid 1px #dedede; margin-right:10px;}
.far {color: #b5b5b5; font: 12px/18px 宋体; width: 120px; height: autoo; float: right;}
.far a {color:#b5b5b5}
.far a:hover {color:#1a8700;}


.hotgoods {width:120px;height:auto;float:right;}
.hotgoods ul {}
.hotgoods ul li {width: 120px; height: 24px; background: url (../images/ico2.jpg) left center no-repeat;text-indent:10px;font:12px/24px 宋体;}
.hotgoods ul li a {color:#b5b5b5;}
.hotgoods ul li a:hover {color:#1a8700;}
.picjoin {text-align:center;}
.picjoin img {border:solid 1px #dedede;padding:2px;}


.fourb {width:239px;height:163px;border:solid 1px #ddd;float:right;}
.mar0px {margin:0px;}
.pad0px {padding:0px;}
.onetwothree {width: 1002px; height: 60px; margin: 0 auto; background: url (../images/onett.jpg) no-repeat;}
.pointersbox {width:1002px;height:110px;margin:0 auto;}
.theone {width:317px;height:110px;float:left;padding:0 0 0 30px;}
.the1tit {width:317px;height:30px;}
.the1tit p {float:left;display:inline;font:14px/30px 微软雅黑;color:#397513;}
.the1tit span {float:left;padding:14px 0 0 20px;}
.the1cont {width:317px;height:auto;padding:5px 0 0 0;}
.onelist {width:210px;height:auto;float:right;padding:0 15px 0 0;}
.onelist ul {}
.onelist ul li {width: 210px; height: 24px; background: url (../images/ico2.jpg) left center no-repeat;font:12px/24px 宋体;text-indent:10px;}
.onelist ul li a {color:#b5b5b5}
.onelist ul li a:hover {color:#1a8700;}


.thetwo {width:377px;height:110px;float:left;padding:0 0 0 0px;}
.the2tit {width:377px;height:30px;}
.the2tit p {float:left;display:inline;font:14px/30px 微软雅黑;color:#397513;}
.the2tit span {float:left;padding:14px 0 0 20px;}
.the2cont {width:377px;height:auto;padding:5px 0 0 0;}
```

```css
.twolist {width:270px;height:auto;float:right;padding:0 15px 0 0;}
.twolist ul {}
.twolist ul li {width: 270px; height: 24px; background: url (../images/ico2.jpg) left center no-repeat;font:12px/24px 宋体;text-indent:10px;}
.twolist ul li a {color:#b5b5b5}
.twolist ul li a:hover {color:#1a8700;}
.twolist ul li.twolistreplus { width: 270px; height: 24px; background: url (../images/ico3_74.jpg) left center no-repeat;font:12px/24px 宋体;text-indent:10px;}
.twolist ul li.twolistreplus a {color:#555555;}
.twolist ul li.twolistreplus a:hover {color:#1a8700}

.thethree {width:263px;height:auto;float:left;}
.the3tit {width:263px;height:30px;}
.the3tit p {float:left;display:inline;font:14px/30px 微软雅黑;color:#397513;}
.the3tit span {float:left;padding:14px 0 0 20px;}
.the3cont {color:#b5b5b5;font:12px/18px 宋体;padding:5px 0 0 0;}
.the3cont a {color:#f00;}
.the3cont a:hover {color:#1a8700;}

.hotcity {width:1000px;height:103px;margin:40px auto 0 auto;background:url(../images/hotcity_90.jpg) no-repeat;border:solid 1px #dddddd;}
.hotcity p {font:12px/24px 宋体;color:#b5b5b5;}
.hotcity p span {color:#397513;}
.hp1 {padding:18px 10px 0 76px;}
.hp2 {padding: 0 10px 0 76px;}
.hotcity p span a {color:#b5b5b5;}
.hotcity p span a:hover {color:#1a8700;}
```

10.4.4 建立网页页脚区域

1. HTML 结构

```html
<div class="footer">
    <div class="fl">
        <p class="fp1">Copyright2012 All Rights Reserved 版权所有 长春市彩宇商贸有限公司</p>
        <p class="fp2"><a href="http://www.miitbeian.gov.cn/" target="_blank">吉ICP备 11005910 号</a>技术支持: <a href="http://www.pangu.us" target="_blank" title="盘古网络-提供基于互联网的全套解决方案">盘古网络</a></p>
    </div>
    <div class="fr">
        <a href="#"><img src="images/weibo_114.jpg" width="98" height="31" /></a>
        <a href="#"><img src="images/shopbtn_116.jpg" width="122" height="31" /></a>
```

```
    </div>
    <div class="clear"></div>
</div>
```

2. CSS 样式

```
.footer {width:1002px;height:88px;border-top:solid 1px #fff;background:url
(../images/fbg_100.jpg) top repeat-x;margin:0 auto;}
.fl {width:495px;height:88px;float:left;}
.fr {width:505px;float:right;height:88px;background:url (../images/fbg_102.
jpg) right top no-repeat;}
.fp1 {font:12px/16px 宋体;color:#b5b5b5;padding:22px 0 0 20px;}
.fp2 {font:12px/16px 宋体;color:#b5b5b5;padding:3px 0 0 20px;}
.footer p a {color:#b5b5b5;}
.footer p a:hover {color:#1a8700;}
.fr img {float:left;margin: 0 6px;margin-top:35px;display:inline;}
```

10.5 利用 jQuery 添加网页特效

1. 加载 jQuery 库文件及其插件文件

```
<script type="text/javascript" src="js/jquery-1.7.1.min.js"></script>
<script type="text/javascript" src="js/jquery.soChange-min.js"></script>
```

说明：soChange 基于 jQuery 对象切换、幻灯切换插件。

2. 设计导航栏和产品中心展示动态效果

```
<script type="text/javascript" >
    $(function(){
        $(".navhoverbox").each(function() {
            if($(this).children(".navacommonlist").html() ==null)
            {
                $(this).css({"padding":"0","height":"38px","line-height":
                "38px"});
            }
        });

        $(".navli").mouseover(function() {
            $(this).children(".navhoverbox").slideDown(500);
        }).mouseleave(function() {
            $(this).children(".navhoverbox").slideUp(100);
        });
    });
    $(".navli:last").css("border","0")
    $('#change_3 .a_bigImg').soChange({
        thumbObj:'#change_3 .ul_change_a2 span',
```

```
        thumbNowClass:'on',      //自定义导航对象当前 class 为 on
        changeTime:4000          //自定义切换时间为 4000ms
    });
    $(".twolist ul li:first").addClass("twolistreplus");
</script>
```

3. 处理浏览器兼容问题

```
<!--[if IE 6]>
<SCRIPT src="http://www.ec.hc360.com/js/iepng.js"></SCRIPT>
<SCRIPT>
DD_belatedPNG.fix('div,img,span,li,dt,a,h4,.on,.newptit,')
</SCRIPT>
<![endif]-->
```

10.6 本章小结

本章通过介绍商贸公司网站开发过程，掌握企业网站前端开发流程，重点掌握网页的结构、表现和行为的设计与制作，难点是利用 jQuery 进行页面行为特效设计。通过本章学习将为网站前端设计奠定必要的项目开发基础。

第11章 弘叶美容美发公司网站

互联网时代,企业应尽早建设属于自己的企业网站,借此洞察消费者需求,改善销售服务的效果,扩大市场机会,早日进行电子商务的实践,感受电子商务的博大魅力,把握网络时代带来的巨大商机。弘叶美发公司力求通过网站的建立,使美容美发公司同其合作伙伴、客户之间建立良好的关系、完善企业经营模式、提高企业运营效率,达到宣传弘叶美发公司的品牌形象和提高服务质量和经营业绩的目的。

11.1 客户需求

对于美容美发公司而言,企业的品牌形象至关重要。特别是在互联网技术高度发展的今天,大多客户都是通过网络来了解企业产品、企业形象、企业实力的。因此,企业网站的形象往往决定了客户对企业产品的信心。建立具有高水准的网站能够极大地提升企业的整体形象。客户需求具体内容有以下几点。

(1) 展示形象:树立企业形象,展示企业实力,宣传企业文化,建立企业品牌。
(2) 展示发型:发布发型信息,为访客提供发型详细信息。
(3) 交流反馈:提供交流反馈功能,允许访客在线提交信息与公司交流。
(4) 提供资讯:及时发布企业信息、最新活动、产品动态。
(5) 招聘人才:发布公司人才招聘信息,管理应聘者在线提交个人简历。
(6) 提供热线:提供各分店服务热线电话。

弘叶美发公司是一家专业的美容美发公司,其业务范围主要是为客户提供美容美发和宾馆经营服务。网站的主要作用是展示企业的形象、增进美容美发公司同客户之间的关系、增强在同类公司中的竞争力、为客户提供较完备的信息和资讯服务。

11.2 网站分析

11.2.1 网页主题分析

根据上述客户需求,网页设计师的工作首先是将文字技术档案转化为网页元素所能表现的形式。一般来讲主要是明确客户建站目的、网站定位、栏目设计、语言设计、网站功能等要求,来体现本网站的主要内容。

建站目的:弘叶美发公司是一家专业的美容美发公司,其业务范围主要是为客户提供美容美发和宾馆经营服务。公司建站目的是以进一步提高公司档次和知名度，为客户提供优质、方便与快捷的信息服务。

网站栏目设计要求：网站栏目内容设置包括公司文化展示、最新资讯、发型展示、服务热线等相关信息。

网站语言设计要求：要求中文版本。

网站创意设计要求：
- 网站形象首页创意设计。
- 内容首页创意设计。
- 使用 jQuery 实现网站动态效果。
- 网站动态旗帜广告（Banner）。
- 内容页面制作，动态页眉美工合成。

网站售后服务要求：
- 网站推广（代理收费加注搜狐、新浪等收费门户网站；免费加注国内其他排名，前20家非收费搜索引擎）。
- 网站维护（一年的网站内容免费更新，不改变网站导航结构）。
- 数据库系统维护（一年内免费，含数据库系统数据批量上传、数据备份等）。
- 培训两名维护人员。

11.2.2 网页风格定位

网页设计的目的就是为了突出网站自身特点。以信息内容得到理想的传达为前提，根据网站的主题内容，网页设计的整体风格要靠图形图像、文字、色彩、版式、动态效果来表现。

1. 颜色风格

主色调采用了纯白色，以浅灰色和绯色为辅助色彩。页面中的文字、链接、栏目等都以绯色、灰色、黑白色进行设计，利用红白灰营造了本网站时尚的企业文化。

2. 版式设计

版式设计采用了以图示为诉诸方式的满版设计模式，强调了页面的整体艺术气息。

以图片为主、文字为辅助的内容结构，充分利用图片比文字更具有感召力的特点，让浏览者亲身体会到企业的实力与水平。

3. 内容结构风格

不同的主题对框架、色彩等元素的要求都不尽相同，作为宣传网站，要点是吸引用户的视野，本网站在风格定位上要给浏览者舒适的感觉，充分体现企业文化和氛围。

4. 语言风格

由于本网站服务的对象是中国区域用户，语言采用中文版。

11.3 网站技术准备

网站主页的设计主要体现弘叶美发公司文化与形象，力求给浏览者一种亲和力和认知感，继而让客户产生了解更多信息的兴趣。围绕客户的需求层面有针对性地设计实用简洁的栏目及实用的功能,极大方便客户了解本公司的服务。最新资讯、发型展示、服务热线等一系列需求在贵公司网站上逐个得到满足。做到店面展示、最新资讯、发型展示等为一体,使客户充分体验到贵公司的全系列服务。

11.3.1 网页效果图切片

从效果图中利用 Photoshop 软件切片的方式提取网页制作中所需的文字或图片素材。提取的原则是如何利用层(div)来组合该页的规划。

1. 顶部

顶部效果图如图 11-1 所示。

图 11-1　顶部效果图

背景：页面 body 背景为白色,不需要使用图片。

header 区域：包括 Logo 和导航,隐去内容切割 1px 图片作为背景。还要提取出带背景的导航元素图片和 logo(170px×104px)图片。

企业环境动态展示区域：提取两个切换按钮,保存为.jpg 格式,准备所有展示图片。

2. 中部

中部效果图如图 11-2 所示。

图 11-2　中部效果图

最新资讯：隐去栏目中文字,切出发型图片,选取＋more 和列表前符号另存为.jpg 格式图片。

发型展示：准备出所有滚动图片。

服务热线：隐去服务热线及电话文字内容,切割带留言板内容的背景图片。

3. 底部

底部效果图如图 11-3 所示。

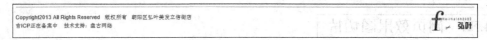

图 11-3　底部效果图

底部背景：使用灰色 Logo 标志。

底部中的横线使用 div 上边框实现，颜色为 #ababab，类型为 solid、1px，不需要做切片。

11.3.2　网页 DIV 区域划分

1. 主页效果图分析

主页效果图的设计如图 11-3 所示，要从以下三个大方面入手进行分析。

（1）色彩设计：为了营造出本网站时尚的企业文化。主色调采用了纯白色，以浅灰色和绯色为辅助色彩。页面中的文字、链接、栏目等都以绯色、灰色、黑白色进行设计。

（2）图片设计：主页面以公司环境图片展示为主，通过图片来展示公司的形象。

（3）布局设计：主页采用了上下结构布局模式，分别为顶部标志区（Logo）、顶部导航区、公司环境展示区、最新资讯等栏目介绍区、底部版权信息区等部分，如图 11-4 所示。

2. 利用 DIV 划分区域

从主页效果图可以看出，根据网页元素所表达的内容，采用自上而下的 DIV＋CSS 结构布局方式，能为用户提供良好的显示和体验效果。

根据所存放网页元素不同将页面划分为 top、nav、flashpic、fourboxes、onetwothree、pointersbox、hotcity、footer 等 DIV 区块。具体页面划分如图 11-5 所示，主页效果如图 11-6 所示。

图 11-4　主页效果图布局　　　　　图 11-5　页面划分 DIV 区域块

第 11 章 弘叶美容美发公司网站

图 11-6 主页效果图

11.4 添加网页结构和样式

11.4.1 建立网页主体

1. HTML 主体轮廓

```html
<!DOCTYPE html>
<html>
    <head>
        <meta http-equiv="Content-Type" content="text/html; charset=utf-8" />
        <title>首页</title>
        <link rel="stylesheet" type="text/css" href="css/master.css">
    </head>
    <body>
        <div class="headbg">
            <div class="header"></div>
        </div>
        <div class="flashpic"></div>
        <div class="maincon"></div>
        <div class="footer"></div>
    </body>
</html>
```

2. HTML 主体轮廓的样式

```css
@charset "utf-8";
```

```css
body, div, dl, dt, dd, ul, ol, li, pre, code, form, fieldset, legend, input,
button, textarea, p, blockquote
{ margin: 0; padding: 0;/* overflow-x: hidden; */ font-size: 12px; }
ul, li, dl, dt, dd, ol { display: block; list-style: none; }
.clear { clear:both; }
a {text-decoration:none;}
a:hover {text-decoration:none;}

body {background:#fff;overflow-x:hidden;}
.headbg {width: 100%; height: 104px; background: url(../images/topbg.jpg) repeat-x;}
.header {width:1002px;height:104px;margin:0 auto;}

.flashpic {width:100%;height:485px;margin:0 auto;border-bottom:solid 1px #838383;border-bottom:solid 1px #6d6d6d;}

.maincon {width:1002px;height:auto;padding:10px 0 8px 0;margin:0 auto;}

.footer {width:1002px;height:66px;margin:0 auto;border-top:solid 1px #ababab;
background:url(../images/fooerbg_03.jpg) top right no-repeat;}
```

11.4.2 建立网页页头区域

1. 网页头部 HTML 结构

```html
<div class="headbg">
    <div class="header">
    <div class="logo"><a href="#"><img src="images/logo_04.jpg" width="170" height="104" /></a></div>
        <div class="nav">
            <ul>
                <li><a href="#" class="nav1 nav1replus"></a></li>
                <li><a href="#" class="nav2"></a></li>
                <li><a href="#" class="nav3"></a></li>
                <li><a href="#" class="nav4"></a></li>
                <li><a href="#" class="nav5"></a></li>
                <li><a href="#" class="nav6"></a></li>
                <li><a href="#" class="nav7"></a></li>
                <li><a href="#" class="nav8"></a></li>
            </ul>
        </div>
    <div class="clear"></div>
    </div>
</div>
```

2. 网页头部 CSS 样式

```css
.headbg {width:100%;height:104px;background:url(../images/topbg.jpg) repeat-x;}
.header {width:1002px;height:104px;margin:0 auto;}
.logo {width:170px;height:104px;float:left;}
.nav {width:776px;height:104px;float:right;}
.nav ul {}
.nav ul li {width:83px;height:104px;float:left;margin:0 7px;}
.nav ul li a {width:83px;height:104px;display:block;}
.nav1 {background:url(../images/nav1_06.jpg) no-repeat;}
.nav2 {background:url(../images/nav2_08.jpg) no-repeat;}
.nav3 {background:url(../images/nav3_10.jpg) no-repeat;}
.nav4 {background:url(../images/nav4_12.jpg) no-repeat;}
.nav5 {background:url(../images/nav5_14.jpg) no-repeat;}
.nav6 {background:url(../images/nav6_16.jpg) no-repeat;}
.nav7 {background:url(../images/nav7_18.jpg) no-repeat;}
.nav8 {background:url(../images/nav8_20.jpg) no-repeat;}

.nav1:hover {background:url(../images/navhover1.jpg) no-repeat;}
.nav2:hover {background:url(../images/navhover2.jpg) no-repeat;}
.nav3:hover {background:url(../images/navhover3.jpg) no-repeat;}
.nav4:hover {background:url(../images/navhover4.jpg) no-repeat;}
.nav5:hover {background:url(../images/navhover5.jpg) no-repeat;}
.nav6:hover {background:url(../images/navhover6.jpg) no-repeat;}
.nav7:hover {background:url(../images/navhover7.jpg) no-repeat;}
.nav8:hover {background:url(../images/navhover8.jpg) no-repeat;}

.nav1replus {background:url(../images/navhover1.jpg) no-repeat;}
.nav2replus {background:url(../images/navhover2.jpg) no-repeat;}
.nav3replus {background:url(../images/navhover3.jpg) no-repeat;}
.nav4replus {background:url(../images/navhover4.jpg) no-repeat;}
.nav5replus {background:url(../images/navhover5.jpg) no-repeat;}
.nav6replus {background:url(../images/navhover6.jpg) no-repeat;}
.nav7replus {background:url(../images/navhover7.jpg) no-repeat;}
.nav8replus {background:url(../images/navhover8.jpg) no-repeat;}
```

11.4.3 建立网页内容区域

1. 网页内容区域 HTML 结构

```html
<div class="flashpic">
    <div class="changeBox_a1" id="change_3">
        <a href="#1" class="a_bigImg"><img src="images/1.jpg" height="485"
        alt="" /></a>
        <a href="#2" class="a_bigImg"><img src="images/2.jpg" height="485"
        alt="" /></a>
```

```html
        <a href="#3" class="a_bigImg"><img src="images/3.jpg" height="485" alt="" /></a>
        <a href="#4" class="a_bigImg"><img src="images/4.jpg" height="485" alt="" /></a>
        <a href="#5" class="a_bigImg"><img src="images/5.jpg" height="485" alt="" /></a>

        <ul class="ul_change_a2">
            <li><span></span></li>
            <li><span></span></li>
            <li><span></span></li>
            <li><span></span></li>
            <li><span></span></li>
        </ul>
    </div>
</div>

<div class="maincon">
    <div class="ml">
    <div class="newnewstit">
        <p>{ 最新资讯 }</p>
            <span><a href="#"><img src="images/morebnt.jpg" width="32" height="13" /></a></span>
    </div>
    <div class="news1">
        <div class="news1pic">
            <a href="#"><img src="images/pic1_29.jpg" width="92" height="71" /></a>
        </div>
        <div class="news1r">
            <p class="news1sttit"><a href="#">朝阳区弘叶美发立信街店</a></p>
            <div class="news1rt">
                <p class="news1rtext">
                    朝阳区弘叶美发立信街店信街朝
                    朝阳区弘叶美发立信街店
                </p>
                <p><span><a href="#"><img src="images/morebnt.jpg" width="32" height="13" /></a></span></p>
            </div>
        </div>
        <div class="clear"></div>
    </div>
    <div class="nnewlist">
        <ul>
            <li><p><a href="#">朝阳区弘叶美发立信街店</a></p></li>
```

```html
            <li><p><a href="#">朝阳区弘叶美发立信街店</a></p></li>
        </ul>
    </div>
</div>
<div class="mm">
    <div class="newnewstit">
        <p>{ 发型展示 }</p>
        <span><a href="#"><img src="images/morebnt.jpg" width="32" height=
        "13" /></a></span>
    </div>
    <div class="rollpic">
        <div id="demo">
        <div id="indemo">
        <div id="demo1">
            <a href="#"><img src="images/pic3_32.jpg" width="98" height=
            "126" /></a>
            <a href="#"><img src="images/pic3_32.jpg" width="98" height=
            "126" /></a>
            <a href="#"><img src="images/pic3_32.jpg" width="98" height=
            "126" /></a>
            <a href="#"><img src="images/pic3_32.jpg" width="98" height=
            "126" /></a>
            <a href="#"><img src="images/pic3_32.jpg" width="98" height=
            "126" /></a>
            <a href="#"><img src="images/pic3_32.jpg" width="98" height=
            "126" /></a>
        </div>
        <div id="demo2"></div>
        </div>
        </div>
    </div>
</div>
<div class="mr">
    <div class="newnewstit">
    </div>
    <div class="connectways">
        <div class="ctel">
            <p class="cp1st">服务热线</p>
            <p class="cp2nd">0431-88604455</p>
        </div>
        <div class="guest_link"><a href="#" title="留言板"></a></div>
    </div>
</div>
<div class="clear"></div>
```

```
</div>
```

2. 网页内容区域 CSS 样式

```
.flashpic {width:100%;height:485px;margin:0 auto;border-bottom:solid 1px
#838383;border-bottom:solid 1px #6d6d6d;}
.changeBox_a1 {float: left; width: 100%; height: 485px; padding: 0px; position:
relative;border:0px solid #aaa; }
.changeBox_a1 .a_bigImg{position:absolute;top:0px;left:0px;display:none;}
.ul_change_a2{position:absolute;left:50%; bottom:13px;overflow:hidden; margin-
left:-65px;}
.ul_change_a2 li{display: -moz-inline-stack;display:inline-block; *display:
inline; *zoom:1;}
.ul_change_a2 span {display: -moz-inline-stack; display: inline-block;
*display: inline; *zoom: 1; padding: 10px 12px; margin-right: 2px; border: 0px
solid #999;background:url(../images/buon.png) no-repeat;filter:alpha(opacity=85);
opacity:0.85;cursor:hand;cursor:pointer;}
.ul_change_a2 span.on {background: url (../images/on.png) no-repeat; color:
#CC0000;}

.maincon {width:1002px;height:auto;padding:10px 0 8px 0;margin:0 auto;}
.ml {width:262px;height:auto;float:left;padding-left:2px;margin-right:48px;}
.newnewstit {width:100%;height:23px;border-bottom:dotted 1px #666666;}
.newnewstit p {float: left; font: 16px/23px 微软雅黑; color: #901919; display:
inline;}
.newnewstit span {float:right;margin:5px 3px 0 0;}
.news1 {width:262px;height:71px;padding-top:5px;}
.news1pic {width:92px;height:71px;float:left;}
.news1r {width:162px;float:right;}
.news1sttit {font:12px/18px 宋体;}
.news1sttit a {color:#666;}
.news1sttit a:hover {color:#901919;}
.news1rtext {font:12px/16px 宋体;color:#666;padding:3px 0;}
.news1rt {border-bottoM:dotted 1px #887755;width:162px;}
.nnewlist {width:262px;height:auto;}
.nnewlist ul {}
.nnewlist ul li {width:262px;height:28px;border-bottom:dotted 1px #666;}
.nnewlist ul li p {background:url(../images/ico3_32.jpg) left center no-repeat;
font:12px/28px 宋体;color:#666;padding:0 0 0 13px;}
.nnewlist ul li p a {color:#666;}
.nnewlist ul li p a:hover {color:#901919;}

.mm {width:445px;float:left;}
.rollpic {width:445px;height:132px;padding-top:6px;}
```

```css
#demo {background: #FFF;overflow:hidden;width: 445px;}
#demo img {border: 3px solid #aaaaaa;margin:0 6px;}
#indemo {float: left;width: 800%;}
#demo1 {float: left;}
#demo2 {float: left;}
.mr {width:196px;float:right;}
.connectways {width:196px;height:138px;background:url(../images/mrbg_29.jpg) no-repeat;}
.cp1st {font:16px/16px 微软雅黑;color:#524f46;padding-top:25px;padding-left:2px;}
.cp2nd {font:24px/24px 微软雅黑;color:#901919;padding-top:8px;padding-left:2px;}
.guest_link {width:194px;height:44px;margin-top:19px;}
.guest_link a {display:block;width:194px;height:44px;}
```

11.4.4 建立网页页脚区域

1. 网页页脚区域 HTML 结构

```html
<div class="footer">
    <p class="fp1">Copyright2013 All Rights Reserved   版权所有  朝阳区弘叶美发立信街店</p>
    <p class="fp2"><a href="http://www.miitbeian.gov.cn/" target="_blank">吉ICP正在备案中</a>   技术支持：<a href="http://www.pangu.us" target="_blank" title="盘古网络-提供基于互联网的全套解决方案">盘古网络</a></p>
</div>
```

2. 网页页脚区域 CSS 样式

```css
.footer {width:1002px;height:66px;margin:0 auto;border-top:solid 1px #ababab;background:url(../images/fooerbg_03.jpg) top right no-repeat;}
.footer p {font:12px/12px Arial, Helvetica, sans-serif;color:#666666;}
.fp1 {padding-top:16px}
.fp2 {padding-top:6px;}
.footer p a {color:#666;}
.footer p a:hover {color:#901919;}
```

11.5 利用 jQuery 添加网页特效

1. 加载 jQuery 库文件及其插件文件

```html
<script type="text/javascript" src="js/jquery-1.7.2.min.js"></script>
<script type="text/javascript" src="js/jquery.soChange-min.js"></script>
```

说明：soChange 基于 jQuery 对象切换、幻灯切换插件。

2. 设计导航栏和产品展示动态效果

```javascript
<script type="text/javascript">
$(function(){
    $('#change_3 .a_bigImg').soChange({
        thumbObj:'#change_3 .ul_change_a2 span',
        thumbNowClass:'on',          //自定义导航对象当前class为on
        changeTime:4000              //自定义切换时间为4000ms

    });
});
$(".a_bigImg img").width(window.innerWidth+'px');
function runpic(mid,id1,id2,spd)
{
    var speed=spd;                   //数字越大速度越慢
    var tab=document.getElementById(mid);
    var tab1=document.getElementById(id1);
    var tab2=document.getElementById(id2);
    tab2.innerHTML=tab1.innerHTML;
    function Marquee(){
        if(tab2.offsetWidth-tab.scrollLeft<=0)
            tab.scrollLeft-=tab1.offsetWidth
        else{
            tab.scrollLeft++;
        }
    }
    var MyMar=setInterval(Marquee,speed);
    tab.onmouseover=function() {clearInterval(MyMar)};
    tab.onmouseout=function() {MyMar=setInterval(Marquee,speed)};
}
runpic("demo","demo1","demo2",30);

$('#indemo img').hover(function(){
    $(this).css({'border':'3px solid #bb0010'});
},function(){
    $(this).css({'border':'3px solid #aaaaaa'});
});
</script>
```

11.6 本章小结

本章通过介绍美容美发公司网站开发过程，掌握企业网站前端开发流程，重点掌握网页的结构、表现和行为的设计与制作，难点是利用 jQuery 进行页面行为特效设计。通过本章学习将为网站前端设计奠定必要的项目开发基础。

参 考 文 献

[1] 刘心美.网页设计基础与实例教程[M].北京：电子工业出版社,2010.
[2] 王津涛.网页设计与开发——HTML、CSS、JavaScript[M].北京：清华大学出版社,2012.
[3] 孙文江,陈义辉.PHP应用程序开发教程[M].北京：中国人民大学出版社,2013.
[4] 李峰,晁阳.JavaScript开发技术详解[M].北京：清华大学出版社,2009.
[5] 储久良.Web前端开发技术[M].北京：清华大学出版社,2013.
[6] 唐俊开.HTML 5移动Web开发指南[M].北京：电子工业出版社,2012.
[7] 孙膂,郝军启.Dreamweaver CS6网页设计与网站组建标准教程[M].北京：清华大学出版社,2014.
[8] Phil Dutson.jQuery Mobile入门经典[M].钟迅科,译.北京：人民邮电出版社,2014.
[9] James Kalbach.Web导航设计[M].李曦琳,译.北京：电子工业出版社,2009.